高等学校电工电子基础实验系列教材

网络通信实验教程

主　编　郑丽娜
副主编　邢建平　郭卫栋
　　　　刘玉玺　于　山

U0238744

山东大学出版社

前　言

　　网络通信实验是数据通信与计算机网络相关课程教学过程中重要的实践环节，对培养学生理论联系实际的能力有着重要的作用。本书是针对网络通信课程的教学需要和要求而专门编写的一本基础实验教程。全书由浅入深地阐述了计算机网络技术中的基本原理，介绍了当前常用的网络设备原理和实际应用，反映了基本网络组网技术，讨论了网络协议及数据包分析方法。

　　全书分为 5 章：计算机网络概述、网络体系结构与标准化、网络设备、网络应用原理和网络协议分析。共有 17 个实验，主要实验内容包括网线制作，基于 Windows 操作系统的 TCP/IP 配置和网络命令应用，基于 Cisco Packet Tracer 的集线器、交换机和路由器等典型网络设备的操作和组网，基于 Cisco Packet Tracer 的 DNS、Web、DHCP 等各类应用系统的配置和应用实验，以及基于 Wireshark 的数据包嗅探和 TCP/IP 架构中各层典型协议分析。每章都有基本原理概述，每个实验之前都有相关知识作为理论指导，实验过程中还有详细的操作步骤、实验注意事项提示及实验思考。本书的实验设计可操作性较强，对实验环境要求不高，内容针对性及基础性较强，可为读者进一步学习和掌握网络技术打好坚实的基础。

　　全书体系结构合理，概念清晰，图文并茂，注重理论与实践的紧密结合，可读性强，具有较强的专业性、技术性和实用性，既考虑与理论课的衔接，又不失实验教程的自身独立体系。

　　本书既可作为大学本科数据通信与计算机网络相关课程的实验教材，也可作为计算机网络工程和应用技术人员的参考用书。

　　在编写过程中，山东大学实验中心主任王洪君老师及其他老师对该书的出版给予了许多关心和支持，其中陈慧凯老师对实验提出了宝贵的意见，作者也参考了大量的文献资料，在此一并表示感谢，同时感谢山东大学出版社的支持。

　　由于时间仓促、水平所限，难免存在疏漏之处，敬请读者朋友给予批评指正。

编　者
2015 年 1 月

目　录

第1章　计算机网络

1.1　计算机网络的定义

随着信息科学技术的发展,信息资源的处理和共享显得越来越重要。计算机是信息处理的重要工具,而如果仅仅采用单机环境,信息只能局限于一个局部的范围内进行低层次的使用。为了扩大信息的交流和共享,计算机网络技术应运而生,并且成为现代通信领域的主要手段。

计算机网络是计算机技术和通信技术紧密结合的产物。计算机技术主要研究信息的处理,通信技术主要研究信息的交换和传递。一方面,通信技术为计算机的数据交换和传递提供了必要的手段;另一方面,计算机技术的发展又提高了通信技术的性能,两者互为促进而发展。随着社会信息化水平的提高,信息处理技术与信息交流技术相融合产生了计算机网络。而在用户需求的推动下,计算机网络又得到了进一步的发展。

目前,为大多数人所认可的计算机网络的定义是:以共享资源(硬件、软件和数据等)为目的而连接起来的,在协议控制下由一台或多台计算机系统、终端设备、数据传输设备等组成的系统之集合。

1.2　计算机网络的分类

(1)按照覆盖范围进行分类,可以将网络分为局域网、城域网和广域网。

广域网(Wide Area Network,WAN)有时也称为"远程网",其覆盖范围通常在数十公里以上,可以覆盖整个城市、国家甚至整个世界,具有规模大、传输延迟大的特征。广域网通常使用的传输装置和媒体由电信部门提供,但随着多家经营的政策落实,也出现了其他部门自行组网的现象。在我国,电信网、广电网、联通网等均可为用户提供远程通信服务。另外,因特网(Internet)是一种全球性的、开放式的、由众多网络连接而成的特定计算机网络,也属于广域网的范畴。

局域网(Local Area Network,LAN)也称为"局部区域网络",覆盖范围常在几公里以内,限于单位内部或建筑物内,常由一个单位投资组建,具有规模小、专用、传输延迟小的特征。目前,我国绝大多数企业和单位都建立了自己的局域网。局域网只有与局域网或广域网互联,进一步扩大应用范围,才能更好地发挥其共享资源的作用。通常我们所见的以太网就是一种典型的局域网。

城域网(Metropolitan Area Network,MAN)也称为"市域网",覆盖范围一般是一个城市,介于局域网和广域网之间。城域网可以为一个或几个单位所拥有,但也可以是一种公用设施,用来将多个局域网互联在一起。目前,很多城域网采用的是以太网技术,因此,城域网常被纳入局域网的范围进行讨论。

随着网络技术的发展,以及新型的网络设备和传输媒体的广泛应用,距离的概念逐渐淡化,局域网以及局域网互联之间的区别也逐渐模糊。同时,越来越多的企业和部门开始利用局域网以及局域网互联技术组建自己的专用网络。这种网络覆盖整个企业,范围可大可小。

(2)网络拓扑结构是指连接网络设备的物理线缆的铺设形式。按照网络拓扑结构分类,主要有总线形网、星形网、环形网、树形网、网状网及混合形网等。

(3)按照网络组建和管理部门的不同,常常将计算机网络分为公用网和专用网。

公用网(Public Network)一般由电信部门或其他提供通信服务的运营商组建、管理和控制,网络内的传输和转接装置可以供任何部门和个人使用。公用网常用于广域网的构建,支持所有愿意按照规定交纳费用的用户的远程通信。

专用网(Private Network)是由某个部门、某个行业为各自的特殊业务工作需要而建造的,不对外人提供服务的网络。例如,政府、军队、银行等系统均有本系统的专用网。

(4)每个网络设备一般都具有多个输入/输出端口,交换是指将一个端口的输入信号转发到另一个端口,并通过附接该端口的线路传输给其他设备。根据数据在网络传输过程中经交换机处理的不同方式,可分为电路交换、报文交换、分组交换。按照信息交换方式,计算机网络可以分为电路交换网、报文交换网、分组交换网。

(5)通信信道的类型有两类:广播通信信道与点到点通信信道。在广播通信信道中,多个节点共享一个通信信道,一个节点广播信息,其他节点只能接收信息。在点到点通信信道中,一条通信线路只能连接一对节点,如果两个节点之间没有线路直接连接,则只能通过中间节点转接。网络通过通信信道完成数据传输任务,采用的传输技术只能有两类:广播方式和点到点方式。因此,按照网络所使用的传输技术分类,有点到点网络和广播式网络。在点到点网络中,每条线路连接一对计算机。在广播式网络中,所有联网计算机共享一个公共通信信道。

(6)按照网络所使用的传输媒体分类,有同轴电缆网、双绞线网、光纤网、微波网、红外线网、无线网等。

1.3　计算机网络的组成

1.3.1　物理结构

从拓扑学的角度看,网络的组成元素是点和线。

点,又称为"网络节点",对应网络中的计算机和各种中继设备。网络节点分为访问节点(终端节点)和转接节点(交换节点)两类。访问节点指用户端的计算机,是信息的"信源"或"信宿"。转接节点指负责传递信息的中间通信设备,如集线器、路由器等。

线,对应网络中的通信信道。通信信道由传输介质和相关通信设备组成。

1.3.2　逻辑结构

计算机的最终目的是面向应用。计算机网络应同时具备信息传输和信息处理的能力。如图 1-1 所示,在逻辑上,可以将计算机网络分为负责信息传输的通信子网和负责信息处理的资源子网。

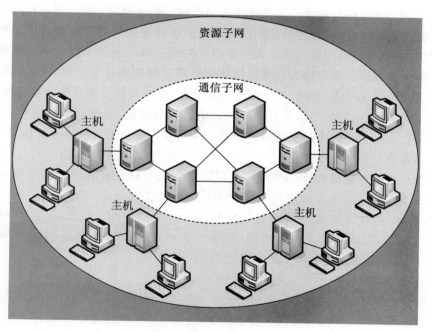

图 1-1　计算机网络结构

通信子网是网络中面向数据传输或数据通信的部分资源集合,主要支持用户数据的传输。该子网包括传输线路、网络设备和网络控制中心等软硬件设施。电信部门所提供的网络一般作为通信子网。企业网、校园网中除了服务器和计算机外的所有网络设备和网络线路构成的网络也可以看作通信子网,通信子网与具体的应用无关。

　　资源子网是网络中面向数据处理的资源集合,主要支持用户的应用。资源子网由用户的主机资源组成,包括接入网络的用户主机,以及面向应用的外设(如终端)、软件和可共享的数据(如公共数据库)等。

　　备注:通信子网和资源子网的划分只是一种逻辑的划分,并不具体对应特定的物理网络和设备。

实验　网线的制作和应用

一、实验目的

　　(1)了解 EIA/TIA—568A 和 EIA/TIA—568B 标准。
　　(2)掌握直通双绞线和交叉双绞线的制作方法。
　　(3)掌握电缆的测试方法。

二、实验原理

　　网线,又称为"网络传输介质",是计算机网络中的必备材料。在计算机网络的建设过程中,网线的选择以及网线连接器的制作对网络的整体性能起着决定性作用。在计算机网络实验中,根据不同的用途来选择和制作相应的连接网线是每一位学生必须掌握的一项技能。网络传输介质可以分为有导向传输介质和非导向传输介质两大类。其中,非导向传输介质主要有无线电、微波、红外线等类型,而有导向传输介质主要有双绞线、同轴电缆和光纤三类。现在,同轴电缆在计算机网络中已基本淘汰,而光纤虽然应用广泛,但其连接器的制作需要借助较为昂贵的专业设备。本实验主要介绍双绞线的制作和应用。

　　(一)双绞线

　　双绞线是由一对绝缘的导线按照一定密度绞合在一起构成的,如图 1-2 所示。因为两条导线互相绞合,电磁干扰对各导线的影响几乎相等,不会对两导线内部的电压信号产生不同的影响,因此降低了电磁干扰,双绞线也由此得名。在实际使用中,双绞线是由多对双绞线一起包在一个绝缘电缆套管里的。

铜双绞线　　　　外层塑料外套

图 1-2　双绞线

典型的双绞线是四对的,也有更多对双绞线放在一个电缆套管里的,称为"双绞线电缆"。

　　在大多数应用中,双绞线的最大传输距离是 100m,双绞线适合传送高比特率数据。双绞线一般分为屏蔽双绞线(Shielded Twisted Pair,STP)和非屏蔽双绞线(Unshielded Twisted Pair,UTP)两类。没有屏蔽保护的双绞线指的是非屏蔽双绞线。UTP 价格便宜,轻便柔韧,便于安装,广泛应用在电话网络和数字通信网络中。为了提高双绞线的抗电磁干扰能力,可以在双绞线的外面加一层用金属丝编织成的屏蔽层,即屏蔽双绞线。

　　(二)RJ-45 连接器

　　RJ-45 插头是一种只能沿固定方向插入并自动防止脱落的塑料接头,俗称"水晶头",

专业术语为 RJ-45 连接器。RJ-45 连接器前端有 8 个凹槽,凹槽内的金属接点共有 8 个。面对金属片,RJ-45 的引脚序号从左到右分别为 1～8。每条双绞线通过两端安装的 RJ-45 连接器将各种网络设备连接起来。

美国电子工业协会(Electronic Industries Association,EIA)和电信行业协会(Tele-communications Industries Association,TIA)联合发布了一个标准 EIA/TIA—568,名称是"商用建筑物电信布线标准",它规定了用于室内传送数据的非屏蔽双绞线和屏蔽双绞线的标准。现在,双绞线的两种标准分别为 568A 和 568B。

EIA/TIA—568A 简称"T568A",其双绞线的排列顺序为:绿白、绿、橙白、蓝、蓝白、橙、棕白、棕,依次插入 RJ-45 插头的 1～8 号线槽中,如图 1-3 所示。

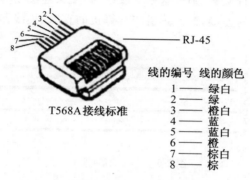

图 1-3　T568A 接线标准

EIA/TIA—568B 简称"T568B",其双绞线的排列顺序为:橙白、橙、绿白、蓝、蓝白、绿、棕白、棕,依次插入 RJ-45 插头的 1～8 号线槽中,如图 1-4 所示。

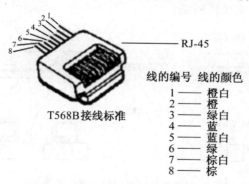

图 1-4　T568B 接线标准

(三)直通和交叉双绞线

如果双绞线的两端均采用同一标准(如 T568B),即两端线序相同,则称这根双绞线为"直通连接",如图 1-5 所示。直通双绞线能用于异种网络设备间的连接,如计算机与集线器的连接、集线器与路由器的连接等。这是一种较为普遍的连接方式,通常两端均采用 T568B 连接标准。

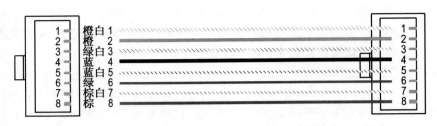

图 1-5　直通双绞线

如果双绞线的两端采用不同的连接标准（如一端为 T568A，另一端为 T568B），即连接线两端 1 与 3、2 与 6 进行交叉，则称这根双绞线为"交叉连接"，如图 1-6 所示。交叉双绞线能用于同种类型设备的连接，如计算机与计算机的直联、集线器与集线器的级联等。

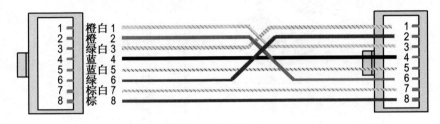

图 1-6　交叉双绞线

值得注意的是，有些集线器（或交换机）本身带有级联端口，当用某一集线器的普通端口与另一集线器的级联端口连接时，因级联端口内部已经做了"跳接"处理，所以这时只能用直通双绞线来完成其连接。图 1-7 为使用直通双绞线构建的多集线器网络，图 1-8 为使用交叉双绞线构建的多集线器网络。

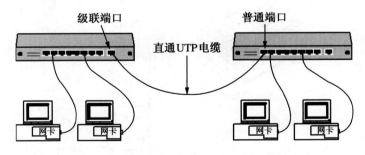

图 1-7　使用直通双绞线构建的多集线器网络

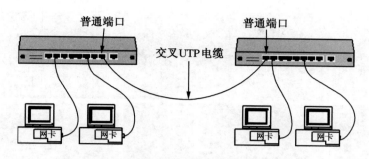

图 1-8　使用交叉双绞线构建的多集线器网络

（四）压线钳

压线钳是制作网线的工具，可以完成剪线、剥线和压线等。压线钳种类很多，使用时可以参考使用说明。

（五）电缆测试仪

电缆测试仪用来对同轴电缆 BNC 接口的网线以及 RJ-45 接口的网线进行测试，以判断制作的网线是否存在问题。电缆测试仪分为信号发射器和信号接收器两部分，各有 8 盏 LED 信号灯。测试时，打开电源，再将双绞线两端分别插入信号发射器和信号接收器，通过 LED 信号灯的逐个闪烁来表征线缆的联通性。

三、实验设备

RJ-45 水晶头若干个；双绞线若干米；RJ-45 压线钳一把；电缆测试仪一套。

四、实验步骤

图 1-9 为完整的实验过程示意，具体的实验步骤如下：

（1）准备好实验需要的所有材料。

（2）将双绞线伸入剥线刀口，握紧压线钳并慢慢旋转双绞线。

（3）取出双绞线，将双绞线从头部开始将外部胶皮去掉 20mm 左右。

（4）剥去胶皮的双绞线由 8 根有色导线组成。

（5）按照 T568B 标准整理线序。

（6）保持双绞线中的线色按顺序排列，不要有差错，理直线缆。

（7）用剪线刀口将前端剪整齐，使裸露部分保持在 12mm 左右。

（8）取出剪齐的线缆，保持其平整且线序无误。

（9）一只手捏住水晶头，使水晶头有弹片的一侧向下，另一只手捏住双绞线，稍用力将排好序的线插入水晶头的线槽中，8 根导线顶端应插入线槽顶端（在水晶头的另一端可以清楚地看到每根导线的铜线芯），且外皮也同时在水晶头内。

（10）确认所有导线插入到位后，将水晶头放入压线钳夹槽中。

（11）用力捏压线钳，使 RJ-45 接头中的金属针压入双绞线中，以保证与导线接触良好。

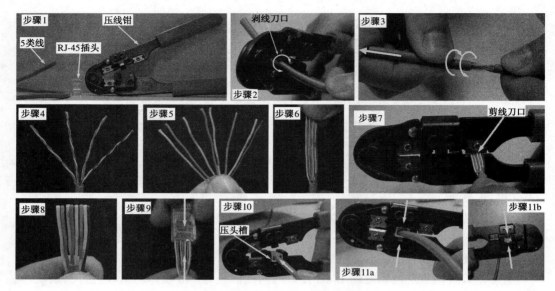

图 1-9　网线制作过程示意图

五、结果验证

双绞线制作完成后,可以通过两种方法对其联通性进行测试。一种方法是用电缆测试仪进行测试,很容易测出网线的排序和联通性问题。另一种方法是将做好的双绞线连接计算机网卡与集线器,测试集线器与所连接的计算机之间的联通性,并在联通好的计算机之间进行数据传输实验。

第 2 章 网络体系结构与标准化

计算机网络系统是由各个节点连接而成的,每个节点都是具有通信功能的计算机系统,并且按照层次结构来构造。不同系统的各个层次实体之间能够相互通信。一般来说,实体是指能发送和接收信息的软硬件,如文件传送软件、数据库管理系统、电子邮件系统等;而系统是计算机、终端和各种通信设备等物理上明显的物体,包含一个或多个实体。两个实体要想实现通信,则必须使用相同的语言以及遵从双方都能接受的规则,以解决彼此之间交流什么、怎样交流以及何时交流等问题。这些在两个实体之间控制数据交换的规则的集合称为“协议”(Protocol)。网络协议通常由语法、语义、时序三要素组成。

语法:通信双方在通信中交换数据时,用户数据与控制信息的结构与格式。

语义:数据格式中各部分协议元素表示何种信息,以及完成的动作和做出的响应。

时序:对时间实现顺序的详细说明。

网络协议对计算机网络是不可缺少的,功能完备的计算机网络需要制定一整套复杂的协议集。在计算机网络中,各个系统都是采用层次结构构造的。那么,系统如何分层、分成几层、各层实体功能怎样定义、采用什么协议进行通信等问题都应当通过网络体系结构来解决,并且还应当是标准化的。这样,才能保证不同厂商设备或系统之间实现互通。计算机网络体系结构(Network Architecture)是指网络层次结构模型与各层协议的集合。网络体系结构对计算机网络应该实现的功能进行精确的定义,而这些功能是用哪种硬件与软件来完成是具体实现问题。体系结构是抽象的,而实现是具体的,是指能运行的一些硬件和软件。

关于计算机网络体系结构的标准化,世界上一些主要的标准化组织在这方面做了大量卓有成效的工作,研究和制定了一系列有关数据通信和计算机网络的国际标准。例如,国际标准化组织(International Standard Organization, ISO)的开放系统互联(Open Systems Interconnection, OSI)参考模型,国际电信联盟电信标准化部门(International Telecommunications Union Telecommunication Standardization Sector, ITU-T)的 X 系列、V 系列和 I 系列等建议书,美国电气电子工程师学会(Institute of Electrical and Electronics Engineers, IEEE)的 IEEE 802 局域网协议标准以及美国电子工业协会(Electronic Industries Association, EIA)的 RS 系列标准都是著名的国际标准。这些标准的制定,为计算机通信和网络技术的应用及发展起到了积极的推动作用。

2.1　ISO/OSI 参考模型

国际标准化组织 ISO 在 1977 年成立了一个分委员会来专门研究网络通信的体系结构问题,并提出了著名的开放系统互联参考模型(Open Systems Interconnection Reference Model,OSI/RM),简称为"OSI"。它是一个异构计算机系统互联标准的框架结构。OSI 为面向分布式应用的"开放"系统提供了基础标准。所谓"开放",是指非独家垄断的,只要遵循 OSI 标准,一个系统就可以和位于世界上任何地方的、遵循相同标准的其他系统进行通信。

OSI 参考模型采用了层次化结构,共分为七层,如图 2-1 所示,其划分层次的主要原则是:网络中各节点都具有相同的层次;不同节点对等层具有相同的功能;同一节点内相邻层之间通过接口通信;每层可以使用下层提供的服务,并向其上层提供服务;不同节点的对等层通过协议来实现对等层之间的通信。

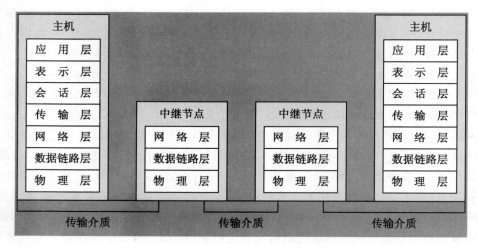

图 2-1　OSI 参考模型结构

OSI 参考模型各层的功能简述如下:

(1)物理层:为建立、维护和拆除物理链路提供所需的机械的、电气的、功能的和规程的特性;在物理链路上实现比特流的透明传输。

(2)数据链路层:检测和纠正物理链路产生的差错,将不可靠的物理链路变成可靠的数据链路;提供数据链路流量控制功能;在网络层实体间提供传送数据的功能和过程。

(3)网络层:为端到端数据传输提供面向连接和无连接的服务;提供控制通信子网传输的有关操作,如路由选择、拥塞控制以及网络互联等;按照传输层的要求选择服务质量和安全级;向传输层报告未能恢复的差错。

(4)传输层:为系统之间提供面向连接和无连接的数据传输服务;为面向连接的数据传输服务提供建立、维护和释放连接的操作;提供端到端的差错恢复和流量控制,实现可靠的数据传输;为传输数据选择网络层所提供的最合适的服务。

（5）会话层:为两个进程之间的会话提供建立、维护和终止连接的功能;提供管理数据交换。

（6）表示层:处理在两个通信系统中交换信息的表示方式,主要包括数据格式变换、数据加密与解密、数据压缩与恢复等功能。

（7）应用层:为网络应用提供协议支持和服务;应用层服务和功能因网络应用而异,如事务处理、文件传送、网络安全和网络管理等。

其中,OSI 参考模型主要特征体现为:

（1）高三层是面向应用的,负责信息的处理,逻辑上属于资源子网;低三层是面向通信的,负责信息的传递,逻辑上属于通信子网;它们中间的传输层在通信子网和资源子网中起承上启下的作用。

（2）如图 2-1 所示,作为信源和信宿的端开放系统（主机）及若干中继开放系统（交换节点）通过物理媒体连接构成了整个 OSI 环境（OSI Environment,OSIE）。其中,只有主机中才需要包含全部七层的功能,而在通信子网中的中间交换节点一般只需要负责传递信息的最低三层,甚至只要最低两层的功能。

（3）在 OSI 参考模型中,实际的物理通信是经过发送方各层从上至下传递到物理媒体,通过物理媒体（或通信子网）传输到接收方后,再经过从下至上各层的传递,最后到达接收用户。层间纵向实现的是物理通信,横向对等层实现的是虚拟通信,这样每层都可以交换信息进行通信。

（4）在发送方从上至下逐层传递的过程中,每层都要加上适当的送交对方对等层的控制信息,如图 2-2 所示,统称为"报头"。到最底层成为由"0"或"1"组成的数据比特流,然后再转换为电信号在物理媒体上传输至接收方。接收方在向上传递时,过程正好相反,各层逐层获得发送方对等层传给自己的控制信息（报头）,进行相应的协议操作,然后剥去报

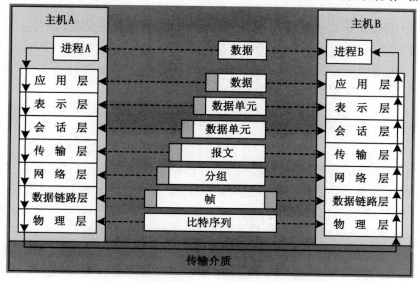

图 2-2　OSI 环境中的数据流和数据单元

头(本层所需的控制信息),而只将其中的数据净荷向上层传送。即发送方将数据层层封装,而接收方层层解封,每层获得自己所需的信息。如此重复,最后到达接收方计算机用户的信息即是发送方计算机用户的原始信息,计算机用户之间实现了通信。

值得注意的是,OSI 参考模型并没有提供一个可以实现的方法。OSI 参考模型只是描述了一些概念,用来协调进程之间通信标准的制定。在 OSI 的范围内,只有各种协议是可以被实现的,而各种产品只有和 OSI 的协议一致时才能互联。也就是说,OSI 参考模型并不是一个标准,而是一种在制定标准时所使用的概念性的框架。

2.2　TCP/IP 协议

传输控制协议/网际协议(Transmission Control Protocol/Internet Protocol,TCP/IP协议)是一种使用非常普遍的网络互联标准协议,为 Internet 所采用。Internet 是全球最大的、开放的、由众多网络互联而成的计算机互联网,它的核心是开放的,TCP/IP 协议体现的正是这一思想,且贯穿在整个体系结构中。网络互联的根本目的是隐藏所有底层网络的细节,形成一个使各种各样的计算机和网络都能互联和互操作的共同环境。

虽然 OSI 参考模型是计算机网络协议的标准,其体系结构理论完善,各层协议考虑周到,但其开销太大,所以真正采用它的并不多。因此,完全符合 OSI 各层协议的商用产品进入市场很少,不能满足各种用户的需求。TCP/IP 协议则不然,它来自于实践,设计的初衷就是用来连接异构环境。由于它的简洁、实用,从而得到了广泛的应用,使得TCP/IP 协议的产品大量涌入市场,几乎所有的操作系统都支持 TCP/IP 协议。TCP/IP协议是多年的研究及商业化的结果,是一个经过考验的比较可靠的标准。目前,众多的网络产品厂家都支持 TCP/IP 协议,它已经成为一个事实上的网络互联的工业标准和国际标准。

TCP/IP 协议主要有四大特点:开放的协议标准,可以免费使用,并且独立于特定的计算机硬件和操作系统;独立于特定的网络硬件,可以运行于局域网和广域网,更适用于互联网;统一的网络地址分配方案,每个 TCP/IP 设备在网络中都具有唯一的地址;标准化的高层协议,可以提供多种可靠的服务。

2.2.1　TCP/IP 协议簇

如图 2-3 所示,TCP/IP 协议是一个协议簇(或称为"协议栈"),传输控制协议 TCP 和网际协议 IP 是其中的两个核心协议,TCP/IP 协议因此而得名。TCP/IP 协议作为一个协议簇,已经发展成为一个网络体系结构。TCP/IP 是从实用性而非学术性角度开发的。事实上,TCP/IP 是先有协议,其体系结构是对已有协议的一种描述。如图 2-4 所示,该体系结构可以分为四个层次:网络接口层、网际层、传输层和应用层。其中,网络接口层与ISO/OSI 参考模型的物理层和数据链路层相对应,但它只是定义了 TCP/IP 与各种物理网络之间的网络接口,没有规定新的物理层和数据链路层协议;网际层相当于 ISO/OSI参考模型的网络层;传输层与 ISO/OSI 参考模型的传输层相对应;应用层则包含了 ISO/

OSI 参考模型的会话层、表示层和应用层的功能。

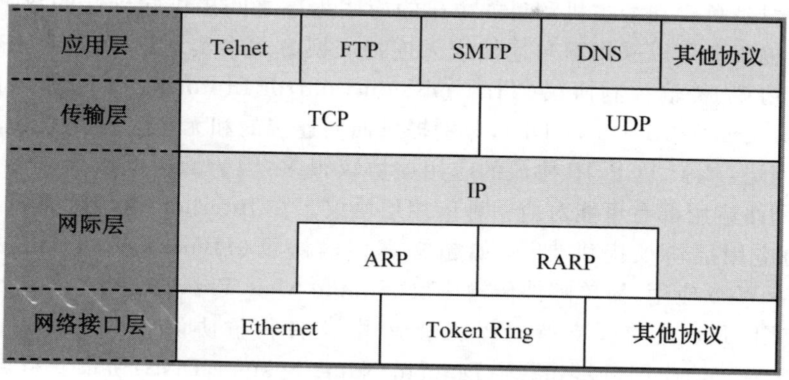

应用层	Telnet	FTP	SMTP	DNS	其他协议
传输层	TCP			UDP	
网际层	IP				
		ARP	RARP		
网络接口层	Ethernet	Token Ring		其他协议	

图 2-3　TCP/IP 协议簇

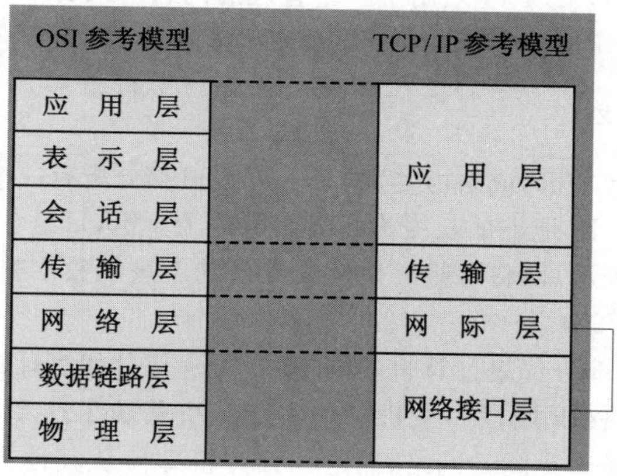

OSI 参考模型		TCP/IP 参考模型
应 用 层		应 用 层
表 示 层		
会 话 层		
传 输 层		传 输 层
网 络 层		网 际 层
数据链路层		网络接口层
物 理 层		

图 2-4　TCP/IP 体系结构与 OSI 参考模型的对应关系

（1）网络接口层：负责将 IP 数据包封装成适合在物理网络上传输的帧格式并传输，或将从物理网络接收的帧解封，取出 IP 数据包交给上层的网络互联层。TCP/IP 协议不包含具体的物理层和数据链路层协议，只规定了 TCP/IP 协议与各种物理网络之间的网络接口。这些物理网络可以是广域网，如 X. 25 公用数据网、公共电话交换网络（Public Switched Telephone Network，PSTN）等，也可以是局域网，如以太网（Ethernet）、令牌环网（Token Ring）、光纤分布式数据接口（Fiber Distributed Data Interface，FDDI）等 IEEE 定义的各种标准局域网。网络接口定义了一种接口规范，任何物理网络只要按照这个接口规范开发网络接口驱动程序，就能够与 TCP/IP 协议簇集成起来。

（2）网际层：也称为“网络互联层”，主要功能是实现互联网环境下的端到端数据分组传输，这种端到端数据分组传输采用无连接交换方式来完成。为此，网际层提供了基于无连接的数据传输、路由选择、拥塞控制和地址映射等功能，这些功能主要由四个协议来实现：IP 协议、地址解析协议（Address Resolution Protocol，ARP）、反向地址解析协议（Reverse Address Resolution Protocol，RARP）和因特网控制报文协议（Internet Control Message Protocol，ICMP）。其中，IP 协议提供数据分组传输、路由选择等功能；ARP 和

RARP 提供逻辑地址与物理地址映射功能；ICMP 协议提供网络控制和差错处理功能。

（3）传输层：负责在源主机和目的主机的应用程序之间提供端到端的数据传输服务，这种数据传输服务可以采用面向连接或无连接交换方式来实现。在 TCP/IP 中，传输层提供了两个协议：传输控制协议（Transmission Control Protocol，TCP）和用户数据报协议（User Datagram Protocol，UDP），分别提供面向连接的和无连接的数据传输服务。

（4）应用层：基于 TCP/IP 协议的应用层协议很多，因为面向网络的应用是多种多样的，每一种网络应用都有可能对应一种应用层协议。在 Internet 中，几乎所有的应用系统都有相应的应用层协议提供支持，如超文本传输协议（HyperText Transfer Protocol，HTTP）支持 Web 应用，简单邮件传输协议（Simple Mail Transfer Protocol，SMTP）支持电子邮件应用，Telnet 协议支持远程登录应用，文件传输协议（File Transfer Protocol，FTP）支持文件传输应用，域名系统（Domain Name System，DNS）协议支持域名解析等。此外，应用层协议还有用于网络安全的安全协议，如安全超文本传输协议（Secure Hyper-Text Transfer Protocol，SHTTP）、用于网络管理的网管协议、简单网络管理协议（Simple Network Management Protocol，SNMP）以及用于多媒体会议的通信协议。

2.2.2　IP 地址规划

因特网上的每一台主机（或路由器）的每一个接口都分配有一个在全世界范围内唯一的标识符，即 IP 地址。IP 地址的长度为 32 位，可分为 4 组，每组 8 位。为了提高可读性，通常采用点分十进制表示，即将每组 8 位用其等效的十进制数字表示，数字之间用英文句点隔开，如 192.168.0.254。

在这些数字中，一部分代表计算机的网络号，另一部分代表计算机的主机号。网络号代表计算机在哪个网络（IP 网段），主机号代表计算机是属于这个网络中的哪台计算机。不同网络号的计算机属于不同的网络，而这些计算机即使从其他方面来讲是连接在一起的，它们仍然不能进行直接通信，必须通过路由器或其他三层设备才能通信。

2.2.2.1　IP 地址的分类

为了方便 IP 地址的管理，IP 地址的设计者将 IP 地址分为 A、B、C、D、E 五类。如果用 $W.X.Y.Z$ 来代表一个 IP 地址，具体的分类方法、网络号及主机号的定义如表 2-1 所示。

表 2-1　　　　　　　　　　　　　　　　**IP 地址分类**

类别	W 取值（十进制）	W 取值（二进制）	网络号	主机号
A 类	1～126	0$nnnnnnn$	$W.0.0.0$	$X.Y.Z$
B 类	128～191	10$nnnnnn$	$W.X.0.0$	$Y.Z$
C 类	192～223	110$nnnnn$	$W.X.Y.0$	Z
D 类	224～239	1110$nnnn$	组播组地址	—
E 类	240～248	11110nnn	保留今后或供 Internet 研究使用	

注：n 为 0、1 任意取值数。

首先,TCP/IP 协议规定,主机号部分各位全为 1 的 IP 地址作为广播地址,用于广播。所谓广播地址,是指同时向网上所有的主机发送报文。也就是说,不管物理网络特性如何,Internet 都支持广播传输。如 136.78.255.255 就是 B 类地址中的一个广播地址,如果将信息送到此地址,就是将信息送给网络号为 136.78.0.0 的所有主机。当需要在本网内广播,但又不知道本网的网络号时,TCP/IP 协议规定 32 位比特全为 1 的 IP 地址用于本网广播,即 255.255.255.255。

其次,有一些特殊的 IP 地址,比如:

127.0.0.1:用作本地环回(Loopback)测试地址。

0.0.0.0:代表在本网络上的本主机。

网络号全为 1:代表所有网络。

网络号全为 0:代表在本网络上的某台主机(主机号)。

主机号全为 1:代表对某个网段(网络号)上的所有主机广播。

主机号全为 0:代表本网络地址。

再次,与 IP 地址相关的几个概念如下:

二层广播:FF.FF.FF.FF.FF.FF,发送给子网内所有节点。

三层广播:发送给网络上所有节点。

单播(Unicast):发送给单独某台目标主机。

多播(Multicast):由一台主机发出,发送给不同网络的许多节点。

综上所述可知,C 类网络中可用的 IP 地址有 $2^8-2=254$ 个;同理,B 类网络中可用的 IP 地址有 $2^{16}-2=65534$ 个;A 类有 $2^{24}-2=16777214$ 个(去除主机位全为 1 的本网广播地址和主机位全为 0 的本网络地址,共 2 个)。

为了加深对分类的 IP 地址的理解,以 217.156.2.3 为例,进一步分析其特征。

(1)查表 2-1 可知,W 取值(十进制)为 217,在 192～223 区间内,即该地址为 C 类地址,那么网络号为 217.156.2.0,主机号为 3。

(2)将 217.156.2.3 由点分十进制转化为其二进制码表示,为 11011001.10011100.00000010.00000011,查表 2-1 可知,W 取值(二进制)为 11011001,即该地址为 C 类地址,那么网络号为 217.156.2.0,主机号为 3。

2.2.2.2　子网掩码

随着网络的发展,人们发现按照 A、B、C、D、E 五类的方法划分网络和主机地址,会造成很大的浪费,同时也缺乏灵活性,因此出现了划分子网和构造超网的两种 IP 地址方案。

若某单位并不与 Internet 连接,那一定不会涉及 IP 地址的问题,因为可以任意使用所有的 IP 地址。但若是需要连接并访问 Internet,那么 IP 地址便显得弥足珍贵了。目前,IP 地址已经愈来愈少,而所申请的 IP 地址也趋向保守。只有经申请的 IP 地址才能在 Internet 上使用。倘若某些单位或机构只能申请到一个 C 类的 IP 地址,又有多个点需要使用,这时便需要使用子网(Subnet)和考虑子网的划分。子网是一个逻辑概念,子网中各主机的网络部分是相同的。网段是一个物理概念,是指在物理上相对独立的一段网络。

32 位的 IP 地址本身并不包含任何有关子网划分的信息,因此,引入了子网掩码的概念。子网掩码是由若干个连续的 1 加上若干个连续的 0 组成的 32 位的二进制数。计算机通过将 IP 地址和它的子网掩码进行二进制的"与"运算来得出此 IP 地址所属的网络号。子网掩码中为 1 的位代表与之对应的 IP 地址位是网络位,而为 0 的位代表与之对应的 IP 地址位是主机位。

现在的因特网标准规定:所有的网络都必须使用子网掩码,同时在路由器的路由表中也必须有子网掩码这一栏。如果一个网络不划分子网,那么该网络的子网掩码就使用标准子网掩码。反之,如果一个网络中分割有多个子网,那么该网络的子网掩码就使用非标准子网掩码。

标准子网掩码:标准子网掩码中 1 的位置与分类 IP 地址中的网络号字段相对应。

A 类:255.0.0.0
B 类:255.255.0.0
C 类:255.255.255.0

非标准子网掩码:非标准子网掩码借用分类 IP 地址中的主机号充当子网号。
具体规则:子网号与主机号不能全为 0(无借位)或 1(与掩码一样)。比如:

A 类:255.240.0.0
B 类:255.255.252.0
C 类:255.255.255.224

备注:
①二进制数的"与"运算:

$1 \otimes 1 = 0$
$0 \otimes 1 = 0$
$0 \otimes 0 = 0$

②十进制数与二进制数之间的转换。首先,8 个 2 的幂值分别为:$2^0=1,2^1=2,2^2=4,2^3=8,2^4=16,2^5=32,2^6=64,2^7=128$。

一个二进制数可以转化为对应的十进制数,具体转化方法如表 2-2 所示。

表 2-2　　　　　　　　　　二进制与十进制对应关系举例

2 的幂值		2^7	2^6	2^5	2^4	2^3	2^2	2^1	2^0
转化为十进制		128	64	32	16	8	4	2	1
十进制数 217	二进制	1	1	0	1	1	0	0	1
	十进制	$217=128+64+16+8+1$							
二进制数 10011100	二进制	1	0	0	1	1	1	0	0
	十进制	$128+16+8+4=156$							

用法举例：计算 217 的二进制数。

把 217 拆为 2 的幂数相加形式：

$217 = 128 + 64 + 16 + 8 + 1$

通过上述计算可以知道十进制数 217 转换成的二进制数在哪几位有 1，那么得到的二进制数为 11011001。

值得注意的是，使用子网划分是要解决只有一个单一网络地址但需要数个网络的问题，并不是解决 IP 地址不够用的问题，因为划分子网反而会使现有的 IP 地址变少。子网划分通常应用于跨地域的网络互联，两者之间用路由器连接，同时也与 Internet 连接。

为了加深对子网掩码的理解，以 217.156.2.217 为例进行叙述。因其为 C 类地址，那么其网络号字段为 217.156.2.0，即 32 位二进制中的前 24 位，而 255.255.255.0 中 1 的位置也恰巧为前 24 位，则该子网掩码为标准子网掩码。那么，IP 地址为 217.156.2.217、子网掩码为 255.255.255.0 的主机，将 IP 地址与子网掩码进行"与"运算后可得其所在的网络号为 217.156.2.0。

由于 217.156.2.217 为 C 类地址，那么其网络号字段为 217.156.2.0，即 32 位二进制中的前 24 位，而 255.255.255.192 中 1 的位置为前 26 位，则该子网掩码为非标准子网掩码。由于子网掩码中 1 的位置为前 26 位，则该掩码借用了主机位的 2 位作为子网位。那么，IP 地址为 217.156.2.217、子网掩码为 255.255.255.192 的主机，将 IP 地址与子网掩码进行"与"运算后可得其所在的网络号为 217.156.2.192。

2.2.2.3　私有 IP 地址

由于 IP 地址的紧缺，必须寻找提高 IP 地址资源利用率的有效方案，其中一种解决方案就是利用专用网的地址分配方案。该方案定义了两类 IP 地址：一类称为"公有 IP 地址"（Public IP Address），必须向相关的地址注册机构进行注册，才能用于接入因特网；另一类称为"私有 IP 地址"（Private IP Address），仅限于私有内部网络使用。

私有地址的范围：

A 类地址中：10.0.0.0 至 10.255.255.255。

B 类地址中：172.16.0.0 至 172.31.255.255。

C 类地址中：192.168.0.0 至 192.168.255.255。

需要说明的是，这三个网络的地址不会在因特网上被分配，但可以同时在多个不同的网络内部使用。各个组织根据在可预见的将来主机数量的多少来选择一个合适的网络地址，不同组织的内部网络地址可以相同。大多数路由器并不转发携带私有 IP 地址的分组，因此，两个甚至大量网络都可以使用相同的私有地址。如果一个组织选择其他的网段作为内部网络地址，则有可能会引起路由表的混乱。很明显，私有地址是不会在 Internet 上被看见的，在 Internet 上可见的 IP 地址均为公有地址，使用私有地址转换的主机是不能直接访问 Internet 的。同样，在 Internet 上也不可能访问使用私有地址的主机。私有 IP 地址节约了 IP 地址空间，增加了安全性。如果使用私有 IP 地址的网络称为"内网"，那么内网与外部进行通信就必须依靠网络地址转换（Network Address Translation，NAT）。

实验 2.1　Windows XP 下 TCP/IP 配置实验

一、实验目的

(1)熟悉 Windows XP 操作系统及网络环境。

(2)熟悉 IE,并了解网页相关术语。

(3)掌握 TCP/IP 协议配置及查询方法。

二、实验环境

(1)硬件环境:计算机一台,配备网卡及局域网环境。

(2)软件环境:Windows XP 操作系统。

三、实验原理

计算机在因特网上通常需要配置和使用 IP 地址等信息,以便与其他计算机通信。这些信息包括主机 IP 地址、子网掩码、默认网关以及域名系等。

Windows 是目前使用最广泛的操作系统之一。一般来说,在 Windows 下可以使用便捷的图形界面对网络进行配置,也可以通过命令行对网络进行配置。配置和查看的内容可以从基本的本机 IP 地址、子网掩码、网关 IP 地址等,到较为高级的本地转发路由等。

当主机所在的网络能够提供动态主机配置协议(Dynamic Host Configuration Protocol,DHCP)的支持时,系统会在启动时自动获取并配置 IP 地址、DNS 服务器地址等信息。如果网络不提供 DHCP 的支持,或出于某些需求要求静态配置本机地址信息时,可以使用静态配置方式。

在 TCP/IP 属性窗口中,配置 TCP/IP 协议常使用静态 IP。选择"使用下面的 IP 地址",输入 IP 地址、子网掩码和默认网关等信息。另外,若选择"自动获得 IP 地址",则将本机配置成 DHCP 客户机,需要在网络中配置 DHCP 服务器,客户机从服务器得到动态分配的地址和 TCP/IP 配置信息。若选择"自动获得 DNS 服务器地址",则从 DHCP 服务器得到一个 DNS 服务器地址。若已知 DNS 服务器的 IP 地址,则选择"使用下面的 DNS 服务器地址",并输入该地址。备用 DNS 服务器的作用是在主 DNS 服务器无法正常工作时替代主服务器向客户机提供域名信息。

另外,需要说明一点,Windows 中的默认网关即本网段路由器的接口地址。一个物理网络内只有网络地址相同的两台主机才能直接通信,否则要利用路由器才能转发。

四、实验步骤

(1)选择"控制面板"→"网络连接"→"本地连接",右击并选择"属性",在列表框中选择"Internet 协议(TCP/IP)",然后选择"属性",则出现 TCP/IP 属性窗口,如图 2-5 所示。

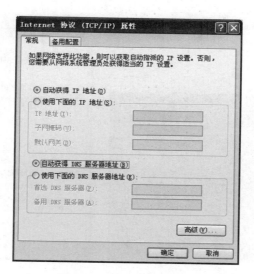

图 2-5 TCP/IP 属性窗口

（2）查看到本机当前 TCP/IP 协议配置方式为"自动获得 IP 地址"。

（3）在"开始"菜单下选择"运行"，在对话框中输入"cmd"命令，如图 2-6 所示，单击"确定"，则出现命令提示符界面，如图 2-7 所示（打开命令提示符界面的第二种方法：单击"开始"，选择"所有程序"→"附件"→"命令提示符"）。在命令提示符下输入"ipconfig"命令，记录本机的 IP 地址、子网掩码、默认网关等信息。以图 2-8 为例，本机的 IP 地址为 10.10.10.13，子网掩码为 255.255.255.0，默认网关为 10.10.10.254。

图 2-6 运行 cmd 命令

图 2-7 命令提示符界面

（4）静态配置 TCP/IP 协议。在 TCP/IP 属性窗口中，选择"使用下面的 IP 地址"，输入 IP 地址、子网掩码、默认网关和 DNS 地址等信息，单击"确定"，如图 2-9 所示。

（5）在 IE 浏览器中打开一个新的网页，验证重新配置后的网络是否畅通。

图 2-8 在命令提示符下运行 ipconfig 命令

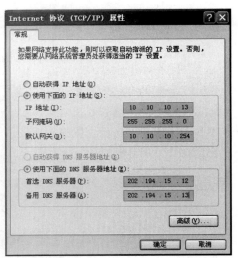

图 2-9 静态配置 TCP/IP 信息

实验 2.2 Windows XP 下网络命令应用实验

一、实验目的

(1)熟悉常用的网络测试命令。

(2)掌握常用的网络故障分析及排除方法。

二、实验环境

(1)多台相互联通的运行 Windows 操作系统的计算机,构成简单的局域网。

(2)该局域网与因特网联通。

三、实验原理

通过运行常用网络测试命令,学习网络故障排除的方法,对运行结果的分析也能加深对网络协议的理解。以下是本实验的命令参考。

(一)ping

使用格式:ping IP 地址或主机名[-t] [-a] [-n count] [-l size]

参数说明:

-t:让用户所在的主机不断地向目标主机发送数据。

-a:以 IP 地址格式来显示目标主机的网络地址。

-n count:指定要 ping 多少次,具体次数由 count 来指定。

-l size:指定发送到目标主机的数据包的大小。

主要功能:用来测试一帧数据从一台主机传输到另一台主机所需的时间,从而判断主机响应时间,测试两者的联通性。

使用说明:ping 命令是一个使用频率极高的实用程序,利用 ping 命令可以排除网卡、Modem、电缆和路由器等存在的故障。ping 命令是用于检测网络联通性、可到达性和名称解析等问题的 TCP/IP 命令。根据返回的信息,可以推断 TCP/IP 协议参数是否正确以及 TCP/IP 协议运行是否正常。ping 命令只有在安装了 TCP/IP 协议后才可以使用。运行 ping 命令后,在返回的屏幕窗口中会返回对方客户机的 IP 地址并表明 ping 联通对方的时间,如果出现信息"Reply from...",则说明能与对方联通;如果出现信息"Request timed out",则说明不能与对方联通。

按照缺省设置,每发出一次 ping 命令,就向对方发送 4 个网间控制报文协议 ICMP 的回送请求,即 32 字节的数据单元,如果网络正常,发送方应该得到 4 个回送的应答。ping 命令发出后得到以毫秒或纳秒为单位的应答时间,这个时间越短就表示数据路由越畅通;反之,表示网络连接不够畅通。

ping 命令显示的生存时间(Time To Live,TTL)值,还可以推算出数据包通过的路由器的个数。因此,用 ping 命令来测试两台计算机是否联通非常有效。如果 ping 不成功,则通常可以认为故障出现在网线、网卡和 IP 地址三个方面。

(二)ipconfig

使用格式:ipconfig [/all]

参数说明:

/all:显示所有适配器的完整 TCP/IP 配置信息。

在不使用该参数的情况下,ipconfig 仅显示 IP 地址、子网掩码和各个适配器的默认网关值。

主要功能:显示与 TCP/IP 协议相关的所有细节,包括主机名、节点类型、是否启用 IP 路由、网卡的物理地址、默认网关等。

(三)tracert

使用格式:

tracert IP 地址或主机名[-d] [-h maximum _ hops] [-j host _ list] [-w timeout]

参数说明:

-d:不解析目标主机的名字。

-h maximum _ hops:指定搜索到目标地址的最大跳跃次数。

-j host _ list:按照主机列表中的地址释放源路由。

-w timeout:指定超时时间间隔,程序默认的时间单位是 ms。

主要功能:判定数据包到达目的主机所经过的路径,显示数据包经过的中继节点清单和到达时间。

(四)netstat

使用格式:netstat [-r] [-s] [-n] [-a]

参数说明:

-r:显示本机路由表的内容。

-s：显示每个协议（包括 TCP 协议、UDP 协议、IP 协议）的使用状态。

-n：以数字表格形式显示地址和端口。

-a：显示所有主机的端口号。

主要功能：使用户了解自己的主机是怎么样与因特网连接的。

使用说明：netstat 命令可以帮助网络管理员了解网络整体使用情况。它可以显示当前正在活动的网络连接的详细信息，可以统计目前正在运行的网络连接。具体地说，netstat 命令可以显示活动的 TCP 连接、计算机侦听端口、以太网统计信息、IP 路由列表、IPv4 统计信息以及 IPv6 统计信息。使用 netstat 时如果不带参数，则显示活动的 TCP 连接。

四、实验步骤

（1）环回测试：在命令提示符下输入环回测试的命令 ping 127.0.0.1，该命令被送到本地计算机 IP 软件，正常情况下可以看到来自本机的应答信息，如图 2-10 所示。这一命令可以用来检测 TCP/IP 的安装或运行存在的某些最基本的问题。

图 2-10　直接利用 IP 地址进行环回测试

localhost 是 127.0.0.1 的别名，可以利用 localhost 进行环回测试，输入 ping localhost，如图 2-11 所示。每台计算机都应该能够将名称 localhost 转换成地址 127.0.0.1，如果无法做到这一点，则表示主机文件（Host）中存在问题。

图 2-11　利用 localhost 进行环回测试

（2）ping 本机 IP 地址：该命令使用本地计算机所配置的 IP 地址。如果在 ping 命令中加上参数-t，本地计算机应该始终对该 ping 命令作出应答（如图 2-12 所示，这里只给出了 6 次应答信息)；否则，说明本地计算机的 TCP/IP 安装或配置存在问题。

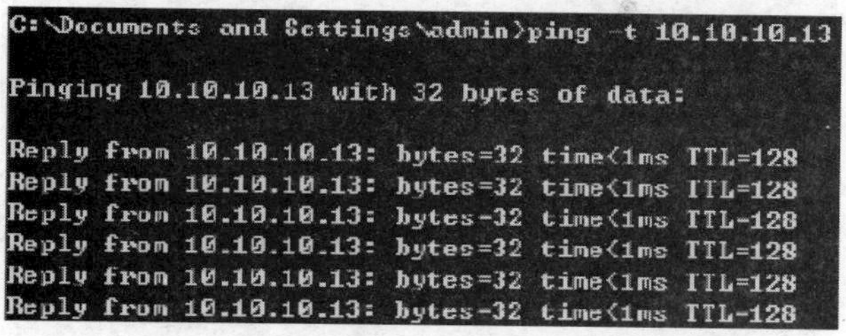

```
C:\Documents and Settings\admin>ping -t 10.10.10.13

Pinging 10.10.10.13 with 32 bytes of data:

Reply from 10.10.10.13: bytes=32 time<1ms TTL=128
Reply from 10.10.10.13: bytes=32 time<1ms TTL=128
Reply from 10.10.10.13: bytes=32 time<1ms TTL=128
Reply from 10.10.10.13: bytes=32 time<1ms TTL=128
Reply from 10.10.10.13: bytes=32 time<1ms TTL=128
Reply from 10.10.10.13: bytes=32 time<1ms TTL=128
```

图 2-12　ping 本机 IP 地址

(3)ping 局域网内其他主机 IP 地址：该命令对局域网内其他主机发送回送请求信息。如果能够收到对方主机的回送应答信息，则表明本地网络中的网卡和传输媒体运行正常，如图 2-13 所示。

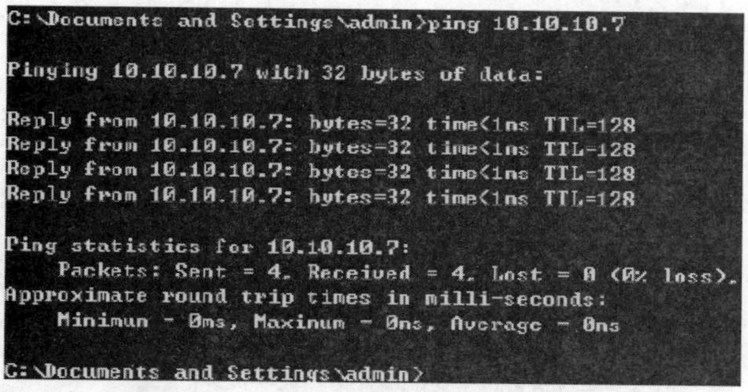

```
C:\Documents and Settings\admin>ping 10.10.10.7

Pinging 10.10.10.7 with 32 bytes of data:

Reply from 10.10.10.7: bytes=32 time<1ms TTL=128
Reply from 10.10.10.7: bytes=32 time<1ms TTL=128
Reply from 10.10.10.7: bytes=32 time<1ms TTL=128
Reply from 10.10.10.7: bytes=32 time<1ms TTL=128

Ping statistics for 10.10.10.7:
    Packets: Sent = 4, Received = 4, Lost = 0 (0% loss),
Approximate round trip times in milli-seconds:
    Minimum = 0ms, Maximum = 0ms, Average = 0ms

C:\Documents and Settings\admin>
```

图 2-13　ping 局域网内其他主机 IP 地址

如果显示“请求超时”，不能收到对方主机的回送应答信息，则表明局域网的联通性存在问题，原因可能为子网掩码不正确、网卡配置错误或传输媒体不正常等，如图 2-14 所示。

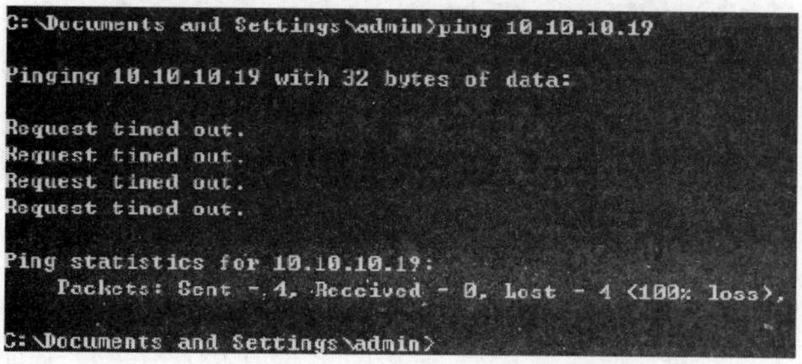

```
C:\Documents and Settings\admin>ping 10.10.10.19

Pinging 10.10.10.19 with 32 bytes of data:

Request timed out.
Request timed out.
Request timed out.
Request timed out.

Ping statistics for 10.10.10.19:
    Packets: Sent = 4, Received = 0, Lost = 4 (100% loss),

C:\Documents and Settings\admin>
```

图 2-14　请求超时

(4)ping 网关：如果能够收到应答信息，则表明网络中的网关、路由器运行正常，如图 2-15所示。

```
C:\Documents and Settings\admin>ping 10.10.10.254

Pinging 10.10.10.254 with 32 bytes of data:

Reply from 10.10.10.254: bytes=32 time=1ms TTL=255
Reply from 10.10.10.254: bytes=32 time<1ms TTL=255
Reply from 10.10.10.254: bytes=32 time<1ms TTL=255
Reply from 10.10.10.254: bytes=32 time<1ms TTL=255

Ping statistics for 10.10.10.254:
    Packets: Sent = 4, Received = 4, Lost = 0 (0% loss),
Approximate round trip times in nilli-seconds:
    Minimun = 0ms, Maximun = 1ms, Average = 0ms

C:\Documents and Settings\admin>
```

图 2-15　ping 网关

(5)ping 域名服务器：如果能够收到应答信息，则表明网络中的域名服务器运行正常。如图 2-16 所示，以山东大学 DNS 服务器 202.194.15.12 和 202.194.15.13 为例，如果这里没有收到域名服务器的正确应答，可能是因为 DNS 服务器有故障，或 DNS 服务器为了防止用户频繁 ping 服务器而导致性能下降，在防火墙中设置规则拒绝 ping 请求。

```
C:\Documents and Settings\admin>ping 202.194.15.12

Pinging 202.194.15.12 with 32 bytes of data:

Reply from 202.194.15.12: bytes=32 time<1ms TTL=60
Reply from 202.194.15.12: bytes=32 time<1ms TTL=60
Reply from 202.194.15.12: bytes=32 time<1ms TTL=60
Reply from 202.194.15.12: bytes=32 time<1ms TTL=60

Ping statistics for 202.194.15.12:
    Packets: Sent = 4, Received = 4, Lost = 0 (0% loss),
Approximate round trip times in milli-seconds:
    Minimun = 0ms, Maximun = 0ms, Average = 0ms

C:\Documents and Settings\admin>ping 202.194.15.13

Pinging 202.194.15.13 with 32 bytes of data:

Reply from 202.194.15.13: bytes=32 time<1ms TTL=60
Reply from 202.194.15.13: bytes=32 time<1ms TTL=60
Reply from 202.194.15.13: bytes=32 time<1ms TTL=60
Reply from 202.194.15.13: bytes=32 time<1ms TTL=60

Ping statistics for 202.194.15.13:
    Packets: Sent = 4, Received = 4, Lost = 0 (0% loss),
Approximate round trip times in milli-seconds:
    Minimun = 0ms, Maximun = 0ms, Average = 0ms

C:\Documents and Settings\admin>
```

图 2-16　ping 域名服务器

(6)ping 远程 IP 地址：以山东大学校园网服务器的 IP 地址 202.194.15.22 为例，缺省状态下能够收到 4 个应答，则表示成功地使用了默认网关，并且本地计算机与远程站点联通，如图 2-17 所示。

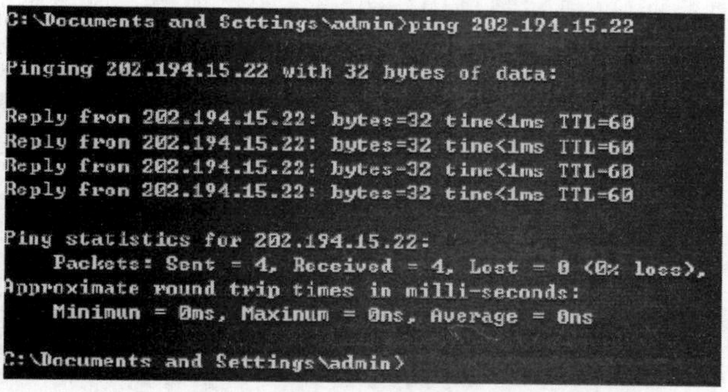

图 2-17　ping 远程 IP 地址

（7）ping 域名地址：以山东大学校园网服务器的域名地址 www. sdu. edu. cn 为例，缺省状态下收到 4 个应答，表明 DNS 服务器正常，并且本地计算机与校园网服务器联通，如图 2-18 所示。如果这里出现故障，可能是因为 DNS 服务器的 IP 地址配置不正确或 DNS 服务器有故障，或校园网服务器在防火墙中设置规则拒绝 ping 请求。

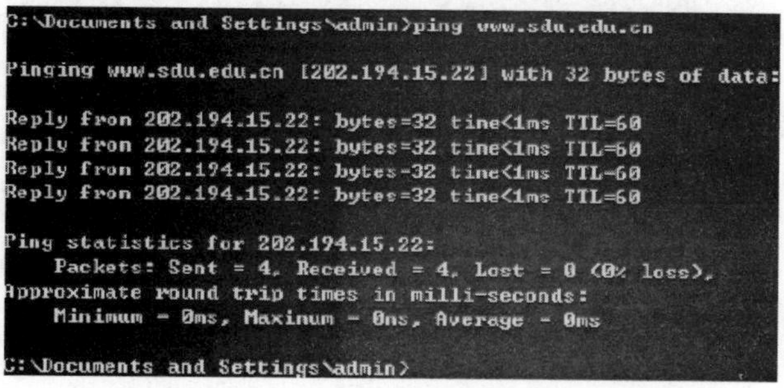

图 2-18　ping 域名地址

备注：如果上面所列出的所有 ping 命令均能正常运行，那么本地计算机基本上具备了进行本地和远程通信的功能。但是，这些命令的成功并不表示本地主机的所有网络配置均没有问题，如某些子网掩码错误就可能无法用这些方法检测到。

（8）如果需要验证 IP 地址为 202.194.26.100 的目的主机，并解析目的主机的名称，可以在 ping 命令中使用参数-a，如图 2-19 所示。

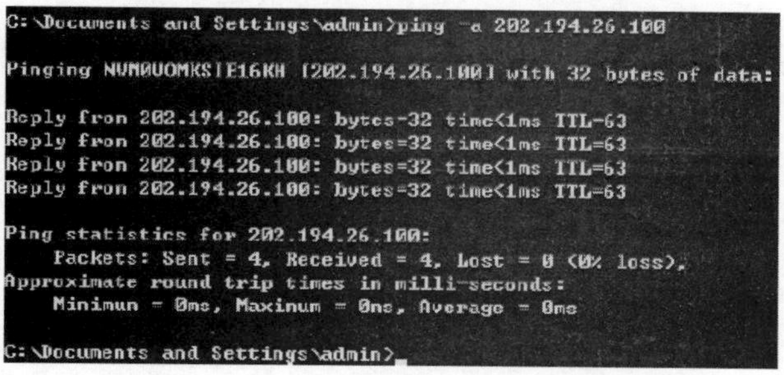

图 2-19　利用 ping 命令解析目的主机的名称

(9)tracert 域名地址:以跟踪到达山东大学校园网服务器 www. sdu. edu. cn 的路径为例,使用 tracert www. sdu. edu. cn 命令,如图 2-20 所示。

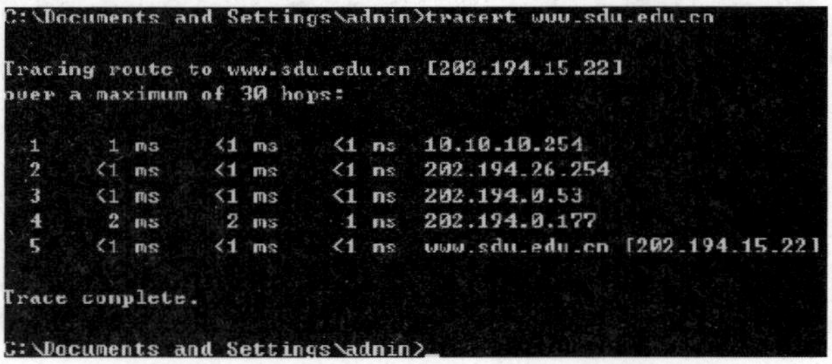

```
C:\Documents and Settings\admin>tracert www.sdu.edu.cn

Tracing route to www.sdu.edu.cn [202.194.15.22]
over a maximum of 30 hops:

  1     1 ms    <1 ms    <1 ms  10.10.10.254
  2    <1 ms    <1 ms    <1 ms  202.194.26.254
  3    <1 ms    <1 ms    <1 ms  202.194.0.53
  4     2 ms     2 ms     1 ms  202.194.0.177
  5    <1 ms    <1 ms    <1 ms  www.sdu.edu.cn [202.194.15.22]

Trace complete.

C:\Documents and Settings\admin>_
```

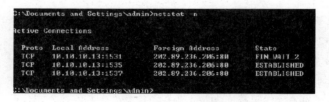

图 2-20　跟踪到达服务器 www. sdu. edu. cn 的路径

(10)在 tracert 命令中使用-d 参数,防止在跟踪过程中将每个 IP 地址解析为它的名称,如图 2-21 所示。

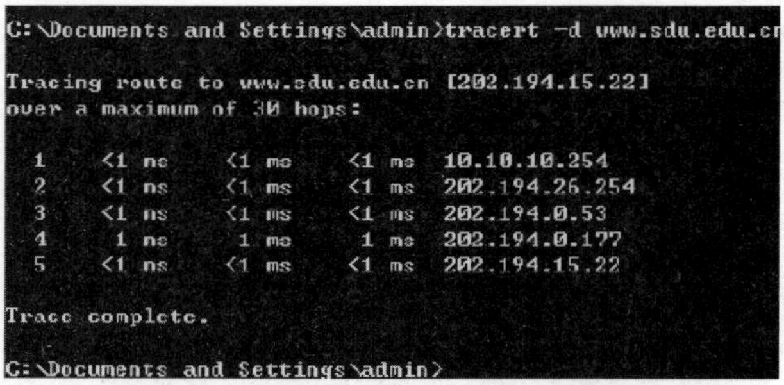

```
C:\Documents and Settings\admin>tracert -d www.sdu.edu.cn

Tracing route to www.sdu.edu.cn [202.194.15.22]
over a maximum of 30 hops:

  1    <1 ms    <1 ms    <1 ms  10.10.10.254
  2    <1 ms    <1 ms    <1 ms  202.194.26.254
  3    <1 ms    <1 ms    <1 ms  202.194.0.53
  4     1 ms     1 ms     1 ms  202.194.0.177
  5    <1 ms    <1 ms    <1 ms  202.194.15.22

Trace complete.

C:\Documents and Settings\admin>
```

图 2-21　带有参数-d 的 tracert 命令

(11)在 netstat 命令中使用参数-n,显示已建立的有效的 TCP 连接,如图 2-22 所示。

```
C:\Documents and Settings\admin>netstat -n

Active Connections

  Proto  Local Address          Foreign Address        State
  TCP    10.10.10.13:1531       202.89.236.206:80      FIN_WAIT_2
  TCP    10.10.10.13:1535       202.89.236.206:80      ESTABLISHED
  TCP    10.10.10.13:1537       202.89.236.206:80      ESTABLISHED

C:\Documents and Settings\admin>
```

图 2-22　带有参数-n 的 netstat 命令

(12)在 netstat 命令中使用参数-r,显示关于路由表的信息,如图 2-23 所示。

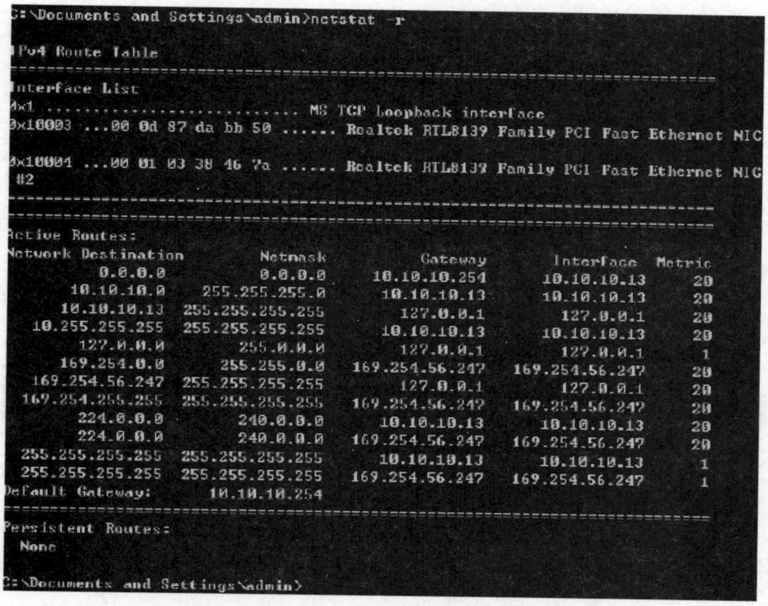

图 2-23　带有参数-r 的 netstat 命令

（13）使用不带参数的 ipconfig 命令，显示所有适配器的基本 TCP/IP 配置，如图 2-24 所示。

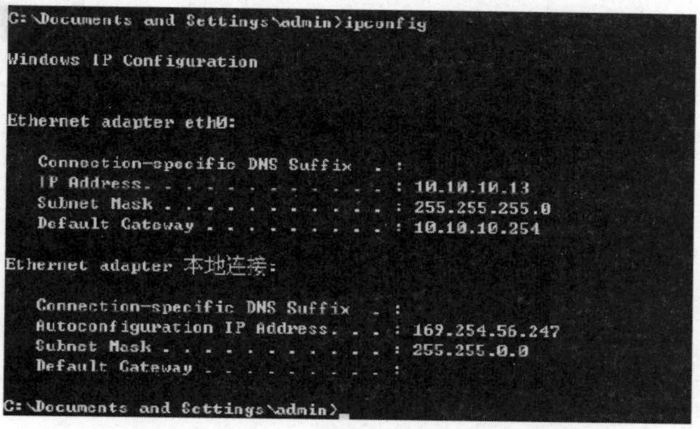

图 2-24　不带参数的 ipconfig 命令

（14）在 ipconfig 命令中使用参数/all，显示所有适配器的完整 TCP/IP 配置，如图 2-25所示。

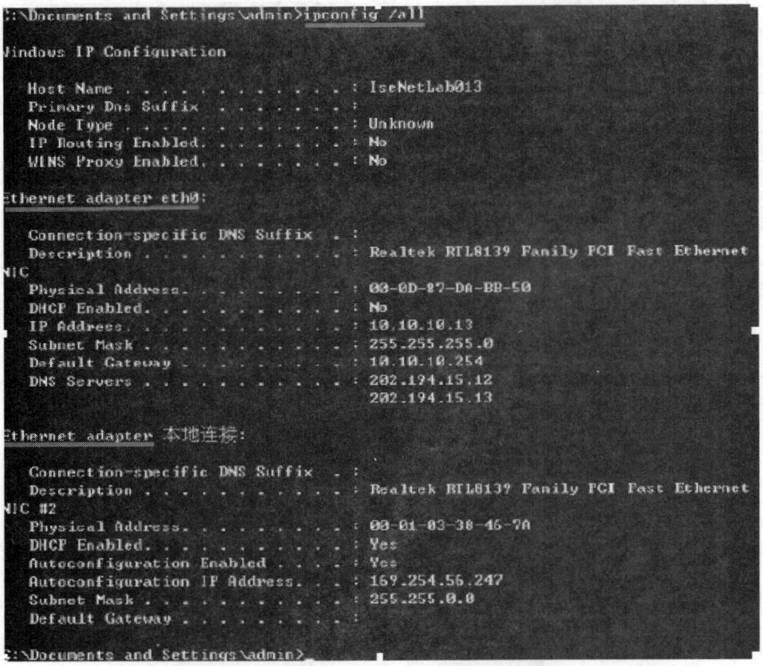

```
C:\Documents and Settings\admin>ipconfig /all

Windows IP Configuration

    Host Name . . . . . . . . . . . . : IseNetLab013
    Primary Dns Suffix  . . . . . . . :
    Node Type . . . . . . . . . . . . : Unknown
    IP Routing Enabled. . . . . . . . : No
    WINS Proxy Enabled. . . . . . . . : No

Ethernet adapter eth0:

    Connection-specific DNS Suffix  . :
    Description . . . . . . . . . . . : Realtek RTL8139 Family PCI Fast Ethernet
NIC
    Physical Address. . . . . . . . . : 00-0D-87-DA-BB-50
    DHCP Enabled. . . . . . . . . . . : No
    IP Address. . . . . . . . . . . . : 10.10.10.13
    Subnet Mask . . . . . . . . . . . : 255.255.255.0
    Default Gateway . . . . . . . . . : 10.10.10.254
    DNS Servers . . . . . . . . . . . : 202.194.15.12
                                        202.194.15.13

Ethernet adapter 本地连接:

    Connection-specific DNS Suffix  . :
    Description . . . . . . . . . . . : Realtek RTL8139 Family PCI Fast Ethernet
NIC #2
    Physical Address. . . . . . . . . : 00-01-03-38-46-7A
    DHCP Enabled. . . . . . . . . . . : Yes
    Autoconfiguration Enabled . . . . : Yes
    Autoconfiguration IP Address. . . : 169.254.56.247
    Subnet Mask . . . . . . . . . . . : 255.255.0.0
    Default Gateway . . . . . . . . . :

C:\Documents and Settings\admin>
```

图 2-25　带有参数/all 的 ipconfig 命令

第 3 章　网络设备

　　一台计算机作为端系统联网,需要解决两方面的问题:首先,它要加入一个局域网;其次,为了能与远方的端系统通信,必须解决它所在的局域网与其他网络互联的问题。

　　单一局域网使用共享介质,网上所有端系统之间是全联通的,这就使局域网的通信子网节点只需要物理层和数据链路层,而不需要网络层。通常将通信子网节点与端系统结合在一起,这个节点就是端系统联网所必需的网络接口卡(Network Interface Card, NIC),简称"网卡",也叫"网络适配器"。当端系统与局域网的共享介质距离比较远时,可能需要利用其他介质,如专用线、电话信道、光纤、无线信道等,以达到连接端系统和局域网的目的。随端系统发送的二进制位变化的电流要么不能在专用线或电话信道上传输足够远(因为信号电流的衰减),要么根本不能直接在光纤上或以电磁波形式发送。这就需要将随端系统二进制位变化的电信号转变为适合在所采用的介质上传输的信号,这个过程称为"调制"(Modulation);调制信号到了对方,再从接收到的信号中提取出原来的二进制位,这个过程称为"解调"(Demodulation)。为了支持全双工通信,每一方需要一个调制器用于发送数据,同时需要一个解调器用于接收数据。为降低成本以及更易于安装和操作,一般将两者结合在单个设备中,称为"调制解调器",其英文缩写为 Modem。

　　互联的计算机网络中,计算机之间如果能够互相通信,则它们已经组成了一个更大的计算机网,称为"互联网"(internet)。互联在一起的网络要进行通信,需要解决很多问题,如不同的寻址方案,不同的最大分组长度,不同的网络访问(或接入)机制,不同的超时控制,不同的差错控制,不同的路由选择技术,不同的拥塞和流量控制方法,不同的报告状态的方法,不同的服务,不同的管理与控制机制以及不同的安全机制等。为了解决互联的网络间的上述差别,通用的方法是用一些网络转换设备在互联的网络之间进行协议转换,从而达到网络间的互联互通。ISO 称上述转换设备为"中继系统"(Relay System,RS)。

　　根据所在的层次不同,可以分为以下几种中继系统:物理层中继系统,在介质段上逐个复制二进制位,用于物理层的中继系统称为"中继器"(Repeater),具有多个端口的中继器则称为"集线器"(Hub);数据链路层中继系统,在局域网间存储转发帧,用于数据链路层的中继系统称为"网桥"(Bridge),具有多个端口的网桥称为"二层交换机",或简称"交换机";网络层中继系统,在网络间存储转发分组,用于网络层的典型中继系统称为"路由器"(Router);网络层以上的中继系统,称为"网关"(Gateway),用网关连接两个不兼容的网络,需要在高层进行协议转换。另外,具有路由功能的交换机称为"三层交换机"。三层交换机与路由器的主要区别在于:路由器主要用软件来实现路由能力,三层交换机则主要用硬件来实现,因而速度更快。

目前,基于带冲突检测的载波监听多路访问(Carrier Sense Multiple Access with Collision Detection,CSMA/CD)的以太网已经成为最广泛使用的局域网技术。可以说,Internet 对于广域网意味着什么,以太网对局域网就意味着什么,因此,本书中对于局域网的讨论仅限于以太网。

实验 3.1 使用集线器的局域网组网

一、实验目的

(1)了解集线器的工作原理。
(2)掌握使用集线器进行简单组网的方法。
(3)熟悉模拟软件 Packet Tracer 的使用。

二、实验原理

中继器和集线器都属于物理层的设备。中继器是在网络中用于延伸计算机之间距离的设备,也可用于不同线缆类型之间的转换。集线器是一个多端口的中继器,为网络设备提供集中连接和物理介质扩展。

(一)中继器

中继器运行在 OSI 模型的物理层上,如图 3-1 所示。因为物理层与比特(bit)有关,中继器的工作就是要重发比特。如果在一个中继器的输入端口上收到一个较弱的"1"比特,中继器的输出上就再生一个较强的"1"比特。类似地,如果在一个中继器的输入端口上收到一个较弱的"0"比特,中继器的输出上就再生一个较强的"0"比特。传统的中继器只有两个端口,一收一发。

由此可见,中继器是最简单的网络设备,主要完成物理层的功能,负责在两个节点的物理层上按位传递信息,完成信号的复制、调整和放大功能,以此来延长网络的长度。

图 3-1 中继器

一般情况下,中继器的两端连接的是相同的媒体,但有的中继器也可以完成不同媒体的转接工作。从理论上讲,中继器的使用数量是无限的,网络也因此可以无限延长。事实上这是不可能的,因为网络标准中都对信号的延迟范围作了具体的规定,中继器只能在此规定范围内进行有效的工作,否则会引起网络故障。

(二)集线器

中继器可以放置在线路的中间,起信号放大作用。由于中继器仅具有两个端口,所以使用中继器最多可以连接两台设备。

在实际的应用中,往往需要把更多的设备连接在一起。集线器有许多端口,每个端口通过 RJ-45 接口用两对双绞线与一个工作站上的网卡连接,因此,认为集线器是多端口的中继器。

集线器采用了专门的芯片,进行自适应串音回波抵消。这样就可以使端口转发出去的较强信号的回波不致对该端口接收到的较弱信号产生干扰。数据在转发之前还要进行再生整形并重新定时。

集线器的每个端口都具有发送和接收数据的能力。当集线器的某个端口接收到工作站发来的有效数据时,就将数据转送到所有其他端口,然后发送给其他各个工作站。

(三)冲突域

所谓冲突,就是在总线上同时有多个机器在传送数据,从而造成数据帧的碰撞。

一个冲突域由所有能够看到同一个冲突或被该冲突涉及的设备组成。以太网使用带有冲突检测的载波监听多路访问技术来保证同一时刻,只有一个节点能够在冲突域内传送数据。

根据前面的描述可知,使用集线器作为中心节点连接网络中的多个节点时,任何节点开始发送数据的同时,由于集线器无差别地将数据转发给所有其他的节点,如果此时有其他设备发送了数据,将会在集线器连接的整个区域形成冲突,并且集线器连接的所有设备也将看到这一冲突并且受到此冲突的影响而延迟一段时间再发送数据。因此,把由物理层设备连接在一起的所有设备所构成的范围称为"一个冲突域",即集线器和中继器的所有端口在同一个冲突域中。

三、实验拓扑

两台计算机 PC0 和 PC1 及一台集线器通过直通双绞线构成简单的采用星形拓扑结构的局域网,该局域网拓扑如图 3-2 所示。其中,PC0 的 IP 地址为 192.168.0.1,子网掩码为 255.255.255.0,PC1 的 IP 地址为 192.168.0.2,子网掩码为 255.255.255.0。

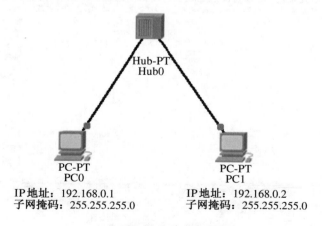

图 3-2 使用集线器组网拓扑图

四、实验步骤

(1)添加集线器。打开 Packet Tracer 程序,在设备类型选框内先找到需要添加设备的类型"Hubs",然后在同类设备选框中选择"Hub-PT",如图 3-3 所示。

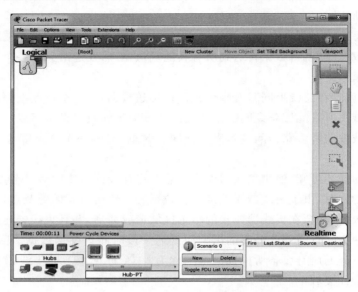

图 3-3　在设备类型选框内选择设备

单击选中的 Hub 图标,然后单击工作区,或直接将选中的 Hub 图标拖到工作区,如图 3-4 所示。

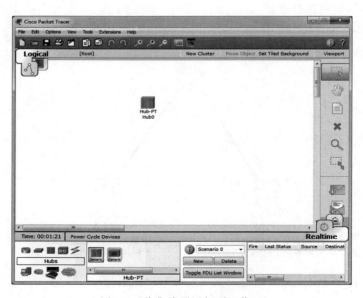

图 3-4　将集线器添加到工作区

（2）添加计算机。在设备类型选框中选取"End Devices"，在同类设备选框中选择"PC-PT"，并拖动其图标至工作区。或如果要选取多个相同的设备，可以按住"Ctrl"键同时单击设备图标，相应的图标变为复选状态的符号，松开"Ctrl"键后，在工作区单击，即可复制出多个相同的设备，如图 3-5 所示，再次单击复选状态的图标即可取消复选操作。

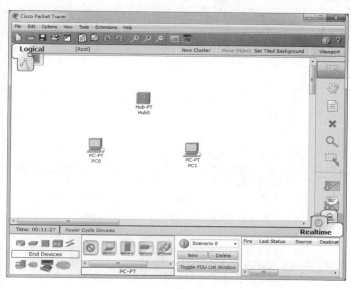

图 3-5 添加计算机

（3）选择连接线。连接所添加设备，搭建网络拓扑。

①在设备类型选框中选取"Connections"，在同类设备选框中选择"Copper Straight-Through"（即直通双绞线），如图 3-6 所示，单击该图标，工作区内鼠标则出现连线的提示符。

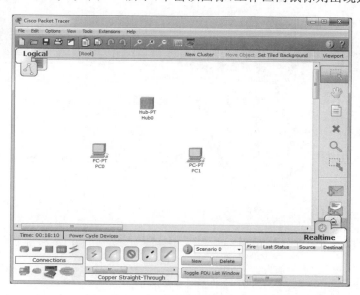

图 3-6 选择直通双绞线

②连接计算机与 Hub：单击 PC0，选择计算机要连接的端口"FastEthernet"（即快速以太网口），如图 3-7 所示。然后单击 Hub0，选择所要连接的端口"Port 0"，如图 3-8 所示。至此，可以完成 PC0 与 Hub0 的连接，如图 3-9 所示。

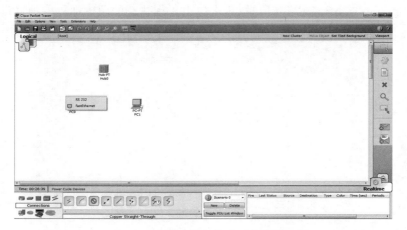

图 3-7　选择计算机快速以太网端口

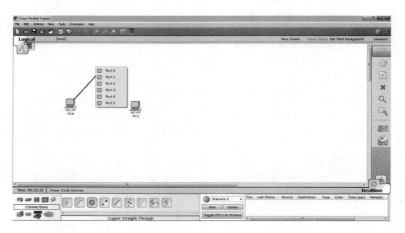

图 3-8　选择集线器端口

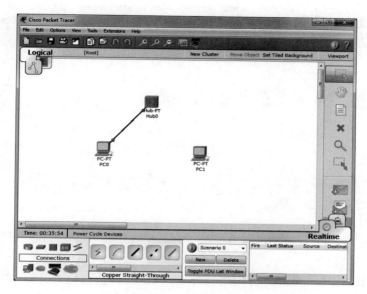

图 3-9　连接 PC0 和 Hub0

③类似地，将 PC1 与 Hub0 使用直通双绞线连接起来，如图 3-10 所示。

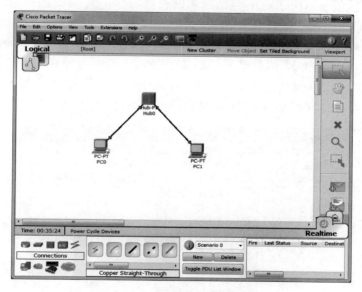

图 3-10　连接 PC1 和 Hub0

备注：如果将鼠标放置在拓扑图中的设备上，则可以显示当前的设备信息，如图 3-11 所示。

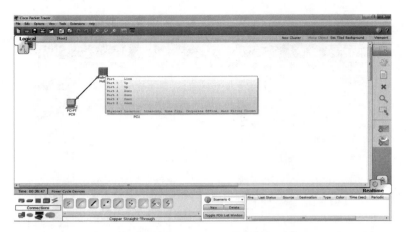

图 3-11　显示当前设备信息

（4）配置计算机。

①单击计算机 PC0，弹出设备配置管理窗口，该窗口包括物理外观（Physical）、配置（Config）及桌面（Desktop）三个选项卡，如图 3-12 所示。在"Physical"选项卡中可以看到设备的物理外观，包括其各种接口。单击"Config"选项卡，弹出简单配置计算机的图形化界面，可以对全局信息〔GLOBAL，包括默认网关（Gateway）、DNS 服务器（DNS Server）等〕及端口（INTERFACE）进行信息配置，如图 3-13 所示。单击"Desktop"选项卡，可以模拟配置 IP 地址、拨号、超级终端、命令提示符、Web 浏览器等，如图 3-14 所示。

②单击"Config"选项卡，然后单击左侧 INTERFACE 中的"FastEthernet"，配置计算机 PC0 的 IP 地址（IP Address）及子网掩码（Subnet Mask），如图 3-15 所示。

③类似地，配置计算机 PC1 的 IP 地址及子网掩码，如图 3-16 所示。

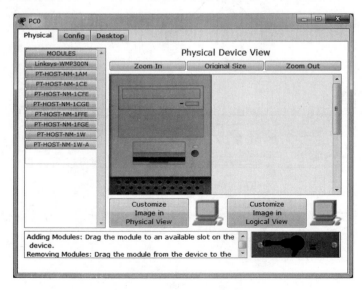

图 3-12　设备配置管理窗口

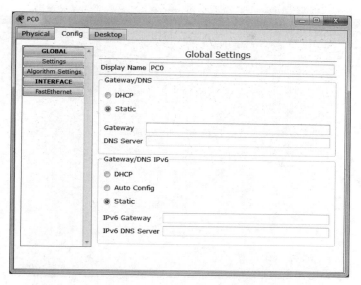

图 3-13 "Config"选项卡

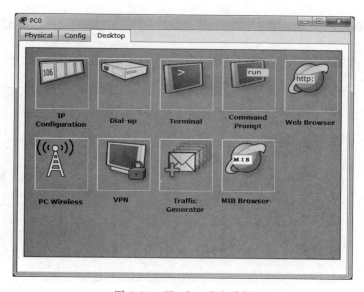

图 3-14 "Desktop"选项卡

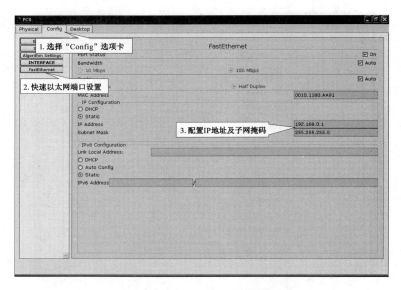

图 3-15　配置 PC0 的信息

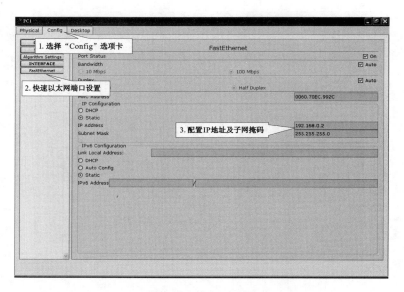

图 3-16　配置 PC1 的信息

　　备注:通过以上步骤,网络拓扑搭建完成,拓扑图如图 3-17 所示。需要说明的是,图中每条连接线上有两个彩色的连线点,如果连线点为绿色,表示连线已经初始连接成功;如果连线点为红色,表示未接通,需要进一步配置端口或更改连线。

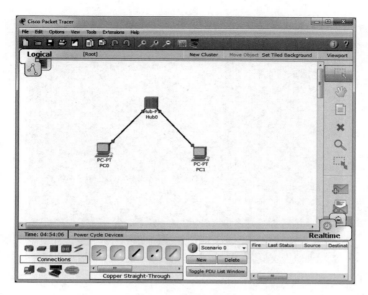

图 3-17　网络拓扑图

（5）测试网络联通性：单击计算机 PC0 图标，弹出设备配置管理窗口。单击"Desktop"选项卡，然后选择"Command Prompt"进入命令提示符界面，如图 3-18 所示。在命令提示符下，对网络联通性进行测试。

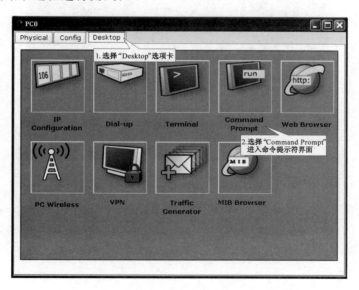

图 3-18　进入命令提示符界面

①环回测试：在命令提示符下输入 ping 127.0.0.1 进行环回测试。正常情况下，可以看到来自本机的应答信息，如图 3-19 所示，以此来检测 TCP/IP 的安装是否正确。

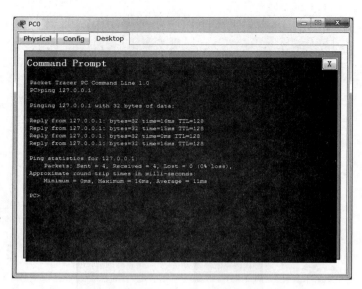

图 3-19　环回测试

②ping 本机 IP 地址：在命令提示符下，输入 ping 192.168.0.1，本地计算机 PC0 应该对该命令作出应答，如图 3-20 所示。

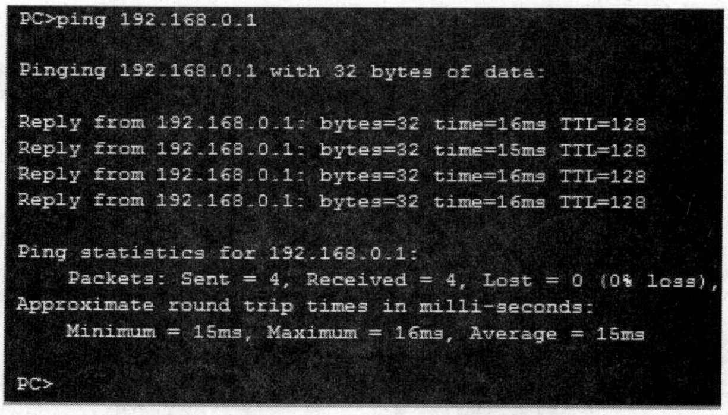

图 3-20　ping 本机 IP 地址

③ping 局域网内其他计算机 PC1 的 IP 地址：在命令提示符下，输入 ping 192.168.0.2，能够收到 PC1 的应答信息，如图 3-21 所示，表明计算机 PC0 与 PC1 联通，即本地网络中的网卡及传输媒体运行正常。

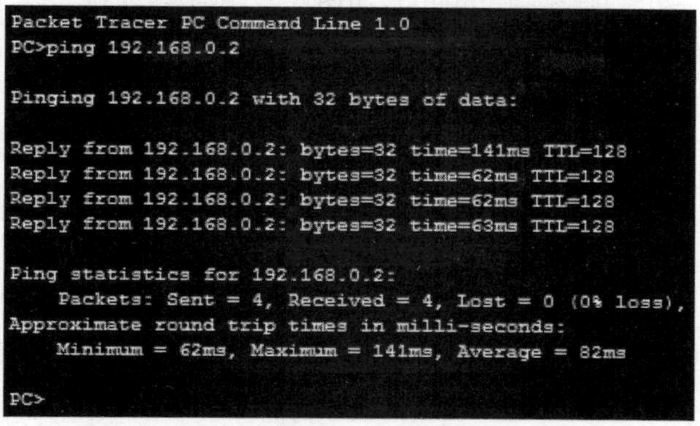

图 3-21　ping 局域网内其他计算机 PC1 的 IP 地址

实验 3.2　交换机的基本操作

一、实验目的

(1)了解交换机的工作原理。

(2)熟悉交换机的外观。

(3)了解交换机各端口的名称和作用。

(4)掌握交换机基本的管理方式。

(5)熟悉模拟软件 Packet Tracer 的使用。

二、实验原理

(一)网　桥

网桥又称为"桥接器",它提供了对局域网的一种扩展。最早是为了把具有相同物理层和介质访问控制(Medium Access Control,MAC)子层的局域网互联起来而设计的,后来也用于具有不同 MAC 协议的局域网的互联。虽然网桥的流行性正因为交换技术的广泛使用而在不断下降,但仍然是当今计算机网络中常见的设备。

网桥工作在 OSI 模型的数据链路层,有时称为"第二层设备"或"链路层设备"。网桥对网络和高层来说是完全透明的,它根据 MAC 帧的目的地址对收到的帧进行转发和过滤。当网桥收到一个帧时,首先判断所接收帧的目标地址是否位于产生这个帧的网段中。如果是,网桥则不把帧转发到其他的网桥端口,即采取过滤策略;如果不是,则帧的目标地址位于另一个网段,网桥就将帧发往正确的网段,即采用转发策略。

网桥有多种形状和大小。最简单的网桥仅有两个接口,复杂些的网桥可以有更多的接口。最复杂的网桥将一种类型的帧转换成另一种类型的帧,并且(或)将帧以很高的速度发送到很远的距离之外。

两个以太网通过网桥连接起来后,就成为一个覆盖范围更大的以太网,而原来的每个以太网就可以称为一个"网段"(segment),如图3-22所示。网桥起到了网络分割的效果,也称为"数据流分割",是控制网络利用率的一种工具。

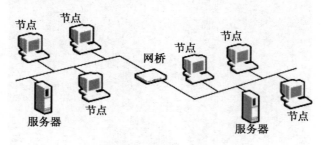

图 3-22　网桥

(二)交换机

以太网交换机是局域网中最重要的设备,一般情况下工作在数据链路层。交换机并无准确的定义和明确的概念,而现在的很多交换机已经混杂了网桥和路由器的功能。从技术上讲,网桥的接口很少,一般只有2~4个,而以太网交换机通常都有十几个接口,因此,以太网交换机实质上就是一个多接口的网桥。

网桥和交换机的优点在于其可以隔离冲突域,每个端口就是一个冲突域,因此在一个端口单独接计算机的时候,该计算机是不会与其他计算机产生冲突的,也就是带宽是独享的。交换机能做到这一点,关键在于其内部的总线带宽是足够大的,可以满足所有端口的全双工状态下的带宽需求,并且通过类似电话交换机的机制保护不同的数据帧能够到达目的地。

交换机通过有选择地转发数据帧来提高网络利用率。如图3-23所示,当一个交换机连接几个以太网网段时,就成为一个网段交换设备。当一个帧从节点A发送到节点E时,交换机把帧从端口1发送到端口3,即采用转发策略。与此同时,端口2和端口4仍是空闲的,可以以全速率10Mbit/s发送帧。如果节点A向节点B发送一个帧,交换机将该帧限制在一个单独的网段,这个网段包含节点A和节点B,即采用过滤策略。这就是交换机的帧转发和过滤功能。

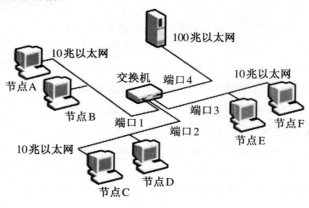

图 3-23　交换机

交换机通过分析帧中的目标 MAC 地址,并将各个帧交换到正确的端口上来实现以上操作。因为交换机工作在数据链路层,所以将其视为第二层交换设备。当一个交换机第一次开机时,它像一个标准的集线器那样广播各个帧。交换机查看各个帧有没有新的源地址,如果有的话,就将这些地址加入交换机的内存表中。这样过一段时间之后,交换机就建立起一张帧地址和端口号的关联表,如图 3-24 所示。如果一个目标 MAC 地址为 A 的帧进入交换机(图 3-24 中 MAC A),交换机就把该帧发送到端口 1。如果一个目标 MAC 地址为 E 的帧进入交换机,交换机就把该帧发送到端口 3。

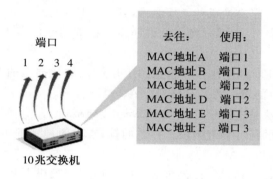

图 3-24　交换机内存图

交换机可能会同时在多个网段之间交换帧。例如,如果在图 3-25 中的交换机收到一个来自节点 E 发往节点 G 的帧,同时还收到一个来自节点 A 发往节点 D 的帧时,可以同时交换这两个帧。这样,对于相关拓扑结构的以太网就得到了两倍于常规以太网带宽的网络效应。

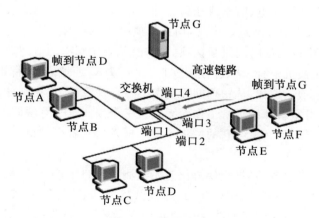

图 3-25　帧交换图

当一个交换机接收到一个帧时,如果帧中的目标地址不在交换机的内存中,交换机就像集线器一样把这个帧发送给所有的端口。如果交换机接收到一个带有广播(或多播)地址的帧,也会把帧发送给所有端口(或所有属于这个帧对应的多播组的端口)。

(三)广播域

一个广播域由所有能够看到一个广播数据帧的设备组成。一个路由器构成一个广播域的边界。网桥能够延伸到的最大范围就是一个广播域。缺省的情况下,一个网桥或交换机的所有端口在同一个广播域中。一般情况下,一个广播域代表一个逻辑网段。

(四)交换机的基本功能

在各种企业或校园网环境中,交换机除了作为汇接各种网络终端的集结点之外,针对各种网络数据帧,其操作和功能也有所区别。下面对交换机在局域网环境中的基本功能进行介绍。

1. 地址学习(Address Learning)

前面已经简单介绍了交换机的工作原理,其实质是保存一份供交换机随时查询的"查询表",即"端口地址表"。本部分将详细说明交换机如何在没有人工干预的情况下形成动态的"端口地址表"。

简单地说,交换机可以记住在一个接口上所收到的数据帧的源 MAC 地址,并将此 MAC 地址与接收端口的对应关系存储到 MAC 地址表中。

交换机采用的算法是逆向学习法(Backward Learning)。交换机按混杂的方式工作,所以可以看见所连接的任一物理网段上传送的帧,查看源地址即可知道在哪个物理网段上可访问哪台机器,于是在 MAC 地址表中添上一项。

在交换机加电启动之初,MAC 地址表为空。由于交换机不知道任何目的地的位置,因而采用扩散算法(Flooding Algorithm),即把每个到来的目的地不明的帧输出到此交换机的所有其他端口并通过这些端口发送到其所连接的每一个物理网段中(除了发送该帧的物理网段)。随着发送数据帧的站点的逐渐增多,一段时间之后,交换机将了解每个站点与交换机端口的对应关系。这样当交换机收到一个到达某一个站点的数据帧之后,就可以根据这个对应关系找到相应的端口进行定向的发送了。

当计算机和交换机加电、断电或迁移时,网络的拓扑结构会随之改变。为了处理动态拓扑问题,每当增加 MAC 地址表项时,均在该项中注明帧的到达时间。每当目的地已在表中的帧到达时,将以当前时间更新该项。这样,从表中每项的时间即可知道该机器最后帧到来的时间。交换机中有一个进程定期地扫描 MAC 地址表,清除时间早于当前时间若干分钟的全部表项。这样,从物理网段上取下一台计算机,并在别处重新连到物理网段上,在几分钟内即可重新开始正常工作而无须人工干预。这个算法同时也意味着,如果机器在几分钟内无动作,那么发给它的帧将不得不被发送到各个端口,一直到它自己发送出一帧为止。

当交换机加电自检成功后,交换机便开始侦测各端口下连接的设备,如图 3-26 所示。当交换机启动成功后,一旦 A、B、C 互相访问,以及 A、B、C 访问 F,期间的数据流必然会以广播的形式被交换机接收到。当交换机接收到数据后,首先把数据帧的源 MAC 地址给拆下来。如果在交换机内部的存储器中没有 A、B、C、F 的 MAC 地址,交换机会自动把这些地址记录并存储下来,同时把这些 MAC 地址所表示的设备和交换机的端口对照起来。保存下来的这些信息即为 MAC 地址表。

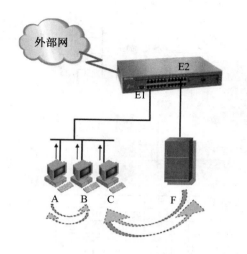

设备	端口	MAC
A	E1	01-11-5A-00-43-7E
B	E1	01-11-51-00-78-AD
C	E1	01-11-51-00-ED-4F
F	E2	01-11-51-00-3C-C5

目的地址　B　　　　　源地址　A
01-11-51-00-78-AD　　01-11-5A-00-43-7E
目的地址　A　　　　　源地址　B
01-11-5A-00-43-7E　　01-11-51-00-78-AD
目的地址　F　　　　　源地址　C
01-11-51-00-3C-C5　　01-11-51-00-ED-4F
目的地址　C　　　　　源地址　F
01-11-51-00-ED-4F　　01-11-51-00-3C-C5

图 3-26　交换机地址学习功能

2. 转发/过滤决定(Forward/Filter Decisions)

交换机的一个端口即连接一个物理网段,到达帧的出口选择过程取决于源所在的物理网段(源物理网段)和目的地所在的物理网段(目的物理网段):

(1)如果源物理网段和目的物理网段相同,则丢弃该帧。

(2)如果源物理网段和目的物理网段不同,则转发该帧。

(3)如果目的物理网段未知,则进行扩散。

当交换机某个接口上收到数据帧时,就会查看目的 MAC,并检查 MAC 地址表,从指定的端口转发数据帧。

对于端口过滤(Port Filtering)而言,交换机上的每个端口都对应一个冲突域。交换机将过滤(即丢弃)目的地址与源地址相同的数据帧,以避免本地数据帧影响网络上的正常通信。控制非法数据帧的侵入是指交换机将丢弃任何一个发往或来自某个被保护的 MAC 地址(由用户指定)的数据帧。

这些过滤机制包括:

(1)动态过滤(Dynamic Filtering):自动学习并更新 MAC 地址表,用以将本地的数据流限定在所属的网段内。

(2)MAC 地址过滤(MAC Address Filtering):手动设定需过滤的 MAC 地址。

(3)VLAN 过滤:从一个 VLAN 中的某个成员发往另外一个 VLAN 的数据帧将被过滤掉。

交换机具有学习网络的构成情况,并根据学习到的信息进行转发数据帧的能力。由于交换机仅将数据帧发送给目的地址,而不是发送给网段内的所有地址,所以可以有效地减少网段内的拥塞。例如,如果端口 1 收到一个欲发送给连接在端口 2 上的某个站点的数据帧,那么,交换机只会将此数据帧发送给端口 2,而不会发给任何其他端口。

接下来介绍流进交换机的数据帧在交换机的内部是如何被处理的。如图 3-27 所示,两台交换机分别连接了计算机 A、B、C、E、F、G、U、V、W。正如前面所介绍的,当交换机启动成功以后且网线连接正常的情况下,交换机 M、N 首先会在内部形成自己的 MAC 地址表。

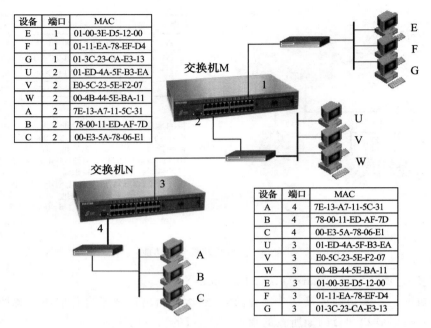

设备	端口	MAC
E	1	01-00-3E-D5-12-00
F	1	01-11-EA-78-EF-D4
G	1	01-3C-23-CA-E3-13
U	2	01-ED-4A-5F-B3-EA
V	2	E0-5C-23-5E-F2-07
W	2	00-4B-44-5E-BA-11
A	2	7E-13-A7-11-5C-31
B	2	78-00-11-ED-AF-7D
C	2	00-E3-5A-78-06-E1

设备	端口	MAC
A	4	7E-13-A7-11-5C-31
B	4	78-00-11-ED-AF-7D
C	4	00-E3-5A-78-06-E1
U	3	01-ED-4A-5F-B3-EA
V	3	E0-5C-23-5E-F2-07
W	3	00-4B-44-5E-BA-11
E	3	01-00-3E-D5-12-00
F	3	01-11-EA-78-EF-D4
G	3	01-3C-23-CA-E3-13

图 3-27　交换机中数据帧的处理过程

　　如果计算机 A 和计算机 B 通信,因在交换机端口 4 的同一侧,计算机 A 发出去的数据会在端口 4 的一侧以广播的形式发送。这样,计算机 B 和计算机 C 以及端口 4 都能收到该广播包,但只有计算机 B 响应这一通信请求。由于计算机 A 和 B 同在端口 4 的一侧,该广播包不会被蔓延到端口 4 以外的其他端口。所以说,一个交换机的端口的一侧划分一个冲突域的边界。正是由于交换机具有这种特性,使得端口之间的广播流量被降到了最小的限度。也就是说,端口一侧的冲突不会影响另外一个端口的工作。

　　如果计算机 A 想和计算机 U、F 通信,首先由计算机 A 发出的数据先在端口 4 的同一侧查找目的地址,如果没有找到,它才会把数据扩散到其他能够到达的通往目的地的潜在端口,如一个级联端口或同一 VLAN 中的其他端口。这样,由计算机 A 发出的数据帧最终会被扩散到端口 3,找到计算机 U,然后数据被传到端口 2、1,找到计算机 F。

　　3.避免环路(Loop Avoidance)

　　如果为了提供冗余而创建了多个连接,网络中可能产生回路,交换机使用生成树协议(Spanning Tree Protocol,STP)避免环路。

　　在局域网中,为了提供可靠的网络连接,就需要网络提供冗余链路。所谓冗余链路,是指有两条以上的通路时,如果一条不通,则可以选择其他通路进行通信。

　　交换机之间具有冗余链路本来是一件很好的事情,但是它有可能引起的问题比它能够解决的问题还要多。如果两台交换机之间具备两条以上的通路,就必然形成了一个环路,交换机并不知道如何处理环路,只是周而复始地转发帧,形成一个"死循环",如图 3-28 所示。最终这个死循环会使整个网络处于阻塞状态,导致网络瘫痪。

　　(1)广播风暴。如图 3-28 所示的网络中,在工作站和服务器之间为了提供冗余链路形成了两条路径,我们分析从工作站到服务器的数据帧发送过程。

问题 1：广播风暴

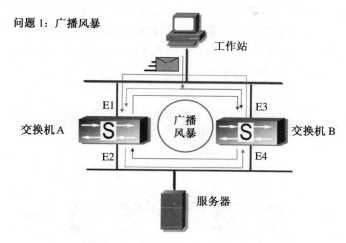

图 3-28　交换机环路广播风暴形成

①工作站发送的数据帧到达交换机 A 和 B。

②当 A、B 刚刚加电,查询表还没有形成的时候,A、B 收到此帧的第一个动作是在查询表中添加一项,将工作站的物理地址分别与 A 的 E1 和 B 的 E3 对应起来。第二个动作则是将此数据帧原封不动地发送到所有其他的端口。

③此数据帧从 A 的 E2 和 B 的 E4 发送到服务器所在网络,服务器可以收到这个数据帧,但同时 B 的 E4 和 A 的 E2 也均会收到另一台交换机发送过来的同一个数据帧。

④如果此时在两台交换机上还没有学习到服务器的物理地址与各自端口的对应关系,则当两台交换机分别在另一个端口收到同样一个数据帧的时候,它们又将重复前一个动作,即先把帧中源地址和接收端口对应,然后发送数据帧给所有其他的端口。

⑤这样,我们发现在工作站和服务器之间的冗余链路中,由于存在了第二条互通的物理线路,从而造成了同一个数据帧在两点之间的环路内不停地被交换机转发的状况,这就是广播风暴的形成过程。

(2)MAC 地址系统失效。以太网交换机和网桥作为交换设备都具有一个相当重要的功能,它们能够记住在一个接口上所收到的每个数据帧的源设备的硬件地址,也就是源 MAC 地址,而且会把这个硬件地址信息写到转发/过滤表的 MAC 数据库中,这个数据库一般被称为“MAC 地址表”。当在某个接口收到数据帧的时候,交换机就查看其目的硬件地址,并在 MAC 地址表中找到其外出的接口,这个数据帧只会被转发到指定的目的端口。

整个网络开始启动的时候,交换机初次加电,还没有建立 MAC 地址表。

如图 3-29 所示,当工作站发送数据帧到网络的时候,交换机要将数据帧的源 MAC 地址写进 MAC 地址表,然后只能将这个帧扩散到网络中,因为它并不知道目的设备在什么地方。于是交换机 A 的 E1 接口和交换机 B 的 E3 接口都会把工作站发来的数据帧的源 MAC 地址写进各自的 MAC 地址表,交换机 A 用 E1 接口对应工作站的源 MAC 地址,而交换机 B 用 E3 接口对应工作站的源 MAC 地址,同时将数据帧广播到所有的端口。

E2 收到该数据帧，也进行扩散，会扩散到 E4 上，交换机 B 收到这个数据帧，也会将数据帧的源 MAC 地址写到自己的 MAC 地址表，发现 MAC 地址表中已经具有了这个源 MAC 地址，但是它会认为值得信赖的是最新发来的消息，便会改写 MAC 地址表，用 E4 对应工作站的源 MAC 地址；同理，交换机 A 也在 E2 接口收到该数据帧，会用 E2 对应工作站的 MAC 地址，并改写 MAC 地址表。

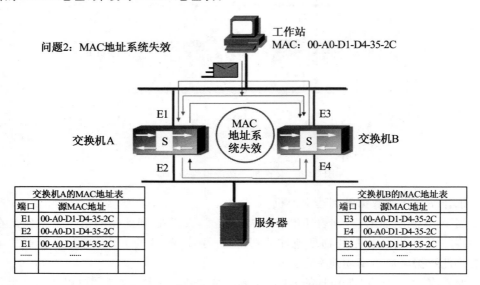

图 3-29　交换机环路 MAC 地址系统失效

　　数据帧继续上行，交换机 B 的 E3 接口又会从交换机 A 的 E1 接口收到该帧，因此又会用 E3 对应源 MAC 地址。同时，交换机 A 的 E1 接口也会从交换机 B 的 E3 接口收到该帧，因此也会用 E1 对应源 MAC 地址。周而复始，交换机不断地用源 MAC 地址更新 MAC 地址表，根本没有时间来转发数据帧，称这种现象为"MAC 地址系统失效"。

　　（3）解决办法：生成树协议。为了解决冗余链路引起的问题，IEEE 通过了 IEEE802.1d 协议，即生成树协议。生成树协议的根本目的是将一个存在物理环路的交换网络变成一个没有环路的逻辑树形网络。IEEE802.1d 协议通过在交换机上运行一套复杂的算法——生成树算法（Spanning Tree Algorithm，STA），使冗余端口置于"阻断状态"，使得接入网络的计算机在与其他计算机通信时，只有一条链路生效，而当这个链路出现故障无法使用时，会重新计算网络链路，将处于"阻断状态"的端口重新打开，从而既保障了网络正常运转，又保证了冗余能力。

三、实验拓扑

　　交换机 Switch0 与计算机 PC0 连接，其拓扑图如图 3-30 所示。其中，PC0 的 FastEthernet 端口与交换机的 FastEthernet 端口使用直通双绞线连接，PC0 的 RS232 串口与交换机的 Console 控制台端口通过专用的 Console 控制台配置线连接。

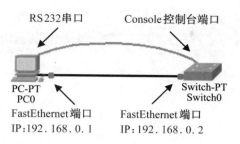

图 3-30　实验拓扑图

四、实验步骤

（1）添加交换机。打开 Packet Tracer 程序，在设备类型选框内先找到需要添加设备的类型"Switches"，然后在同类设备选框中选择"Switch-PT"，如图 3-31 所示。

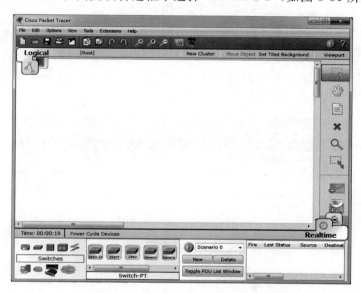

图 3-31　在设备类型选框内选择设备

单击选中的 Switch-PT 图标，然后单击工作区，或直接将选中的 Switch-PT 图标拖到工作区，如图 3-32 所示。

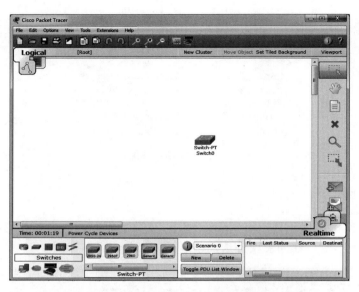

图 3-32　将交换机添加至工作区

　　（2）添加计算机。在设备类型选框中选取"End Devices"，在同类设备选框中选择"PC-PT"，并拖动其图标至工作区，如图 3-33 所示。

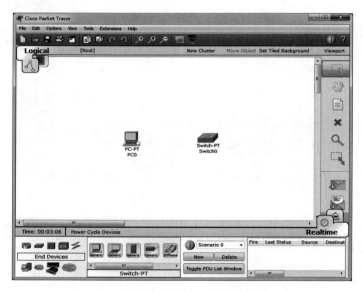

图 3-33　添加计算机

　　（3）选择连接线，连接所添加设备，搭建网络拓扑。

　　①在设备类型选框中选取"Connections"，在同类设备选框中选择"Copper Straight-Through"（即直通双绞线），如图 3-34 所示，单击该图标，工作区内鼠标则出现连线的提示符。

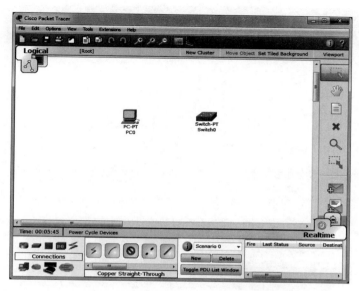

图 3-34　在设备类型选框中选择直通双绞线

　　②连接计算机与 Switch：单击 PC0，选择计算机要连接的端口"FastEthernet"（即快速以太网端口），如图 3-35 所示。然后单击 Switch0，选择所要连接的端口"FastEthernet0/1"，如图 3-36 所示。至此，可以完成 PC0 与 Switch0 的连接，如图 3-37 所示。

　　③类似地，在设备类型选框中选取"Connections"，在同类设备选框中选择"Console"（即控制台配置线），将 PC0 的 RS232 串口与 Switch0 的 Console 配置口使用配置线连接起来，如图 3-38 至图 3-40 所示。

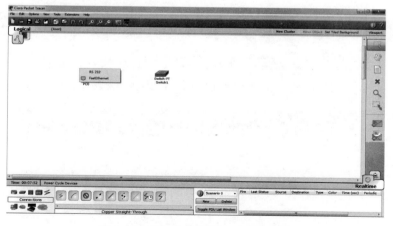

图 3-35　选择计算机快速以太网端口

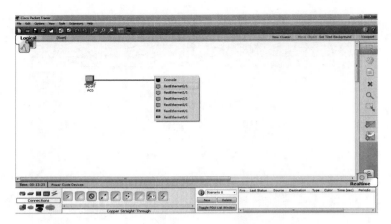

图 3-36 选择交换机快速以太网端口

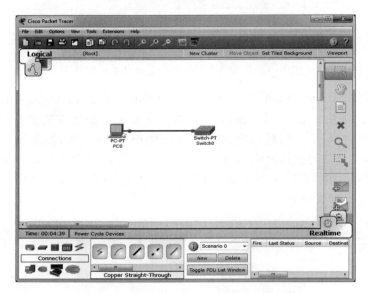

图 3-37 连接计算机和交换机的快速以太网口

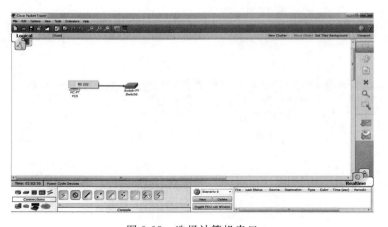

图 3-38 选择计算机串口

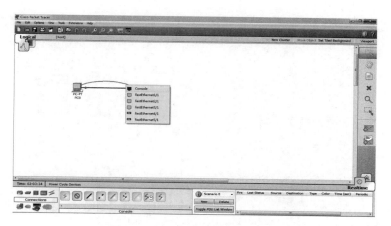

图 3-39　选择交换机控制台端口

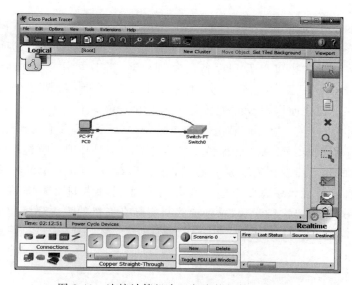

图 3-40　连接计算机串口与交换机控制台端口

备注:在连接 PC0 的 FastEthernet 端口与 Switch0 的 FastEthernet 端口时,直通双绞线的两端分别出现两个圆点,PC0 端圆点显示绿色,表示该端口通;Switch0 端圆点由黄色变为绿色,表示端口由自启动过程直至通状态。类似地,如果设备接口之间的连线两端显示的圆点为红色,则表示两端口不通或配置不全。

(4)配置计算机。

①单击计算机 PC0,弹出设备配置管理窗口,该窗口包括物理外观(Physical)、配置(Config)及桌面(Desktop)三个选项卡。

②单击"Config"选项卡,然后单击左侧 INTERFACE 中的"FastEthernet",配置计算机 PC0 的 IP 地址(IP Address:192.168.0.1)及子网掩码(Subnet Mask:255.255.255.0),如图 3-41 所示。

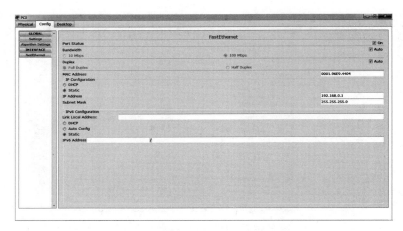

图 3-41　配置计算机快速以太网端口信息

　　(5)交换机的基本操作。单击交换机 Switch0 图标,弹出交换机配置窗口,该窗口包括物理外观(Physical)、可视化配置(Config)和命令行界面(CLI)三个选项卡,如图 3-42 所示。"Physical"选项卡中可以看到设备的物理外观,并且可用于添加各种端口模块。如图 3-43 所示,Switch-PT 从左到右分别为四个端口扩展槽、两个使用光纤连接的 FastEthernet 端口、四个使用双绞线连接的 FastEthernet 端口、一个 Console 配置口、一个 AUX 辅助口以及开关。"Config"选项卡如图 3-44 所示,提供了简单配置交换机的图形化界面,包含全局信息、VLAN 信息和端口信息等。当对某项信息进行配置时,下方会同时显示该操作的相应命令。需要说明的是,这是 Packet Tracer 中的快速配置方式,主要用于简单配置,实际设备中并没有这种方式。"CLI"选项卡如图 3-45 所示,该选项卡是在命令行模式下对交换机进行配置,这种模式与实际交换机的配置环境非常相似。

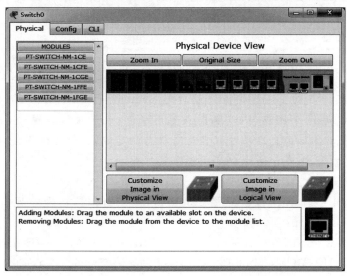

图 3-42　交换机配置窗口

图 3-43　Switch-PT 面板外观

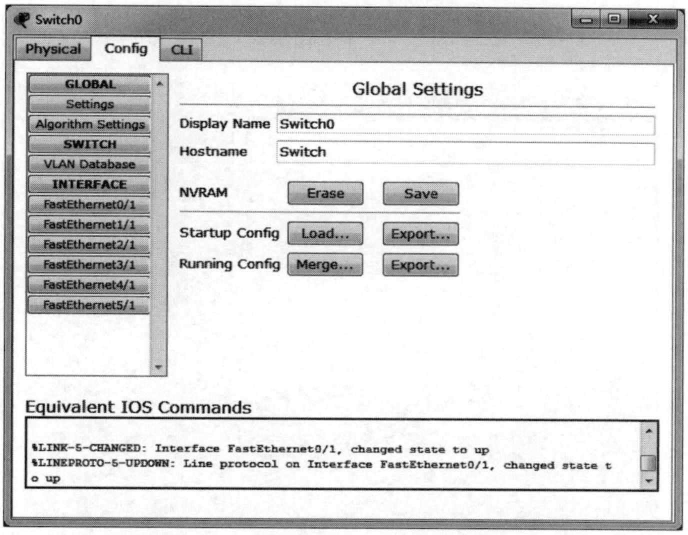

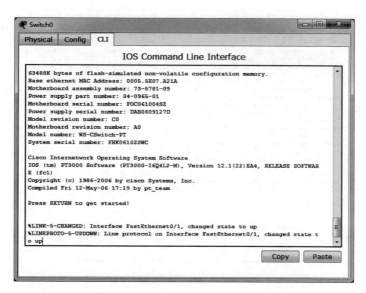

图 3-44　Config 选项卡

图 3-45　CLI 选项卡

①登录交换机:登录交换机的方式一般包含四种:通过 Console(控制台)终端方式;通过 Telnet 远程登录;通过 Web 管理界面;通过网络管理软件。

　　a. 单击交换机 Switch0,弹出交换机配置窗口,单击"CLI"选项卡,即可在命令行模式下对交换机进行配置。

　　b. 单击计算机 PC0,弹出设备配置管理窗口,单击"Desktop"选项卡,然后单击"Terminal"图标,使用超级终端接入交换机。单击后弹出连接的各个属性参数,如图 3-46 所示。选择"OK",连接进入交换机,如图 3-47 所示。

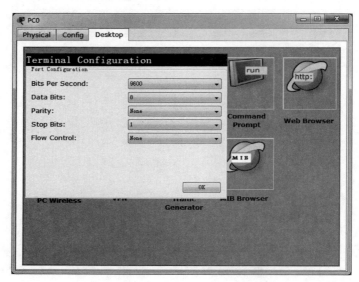

图 3-46　超级终端属性参数

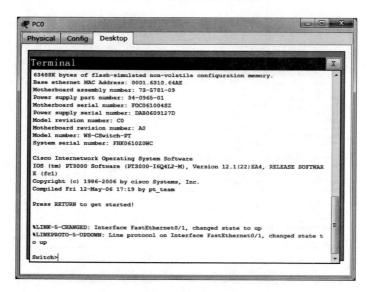

图 3-47　使用超级终端接入交换机

　　②交换机的主要配置模式:交换机软件(如 Cisco IOS)命令模式结构中使用了层次命令。每一种命令模式支持与设备类型操作相关的 IOS 命令。

　　a. 全局配置模式 Switch(config)♯:配置交换机的全局参数,如功能命令、主机名等。

b. 端口配置模式 Switch(config-if)♯：对交换机的端口进行配置，如某个端口属于哪个 VLAN、启用及禁用端口等。

c. 线路配置模式 Switch(config-line)♯：对控制台访问、远程登录的会话进行配置。

d. VLAN 数据库配置模式 Switch(vlan)♯：对 VLAN 的参数进行配置。

一般用户配置模式：单击"CLI"选项卡，并回车，交换机进入一般用户配置模式，也称为"＞"模式，在该模式下使用"？"即可显示所有在该模式下的命令，如图 3-48 所示。

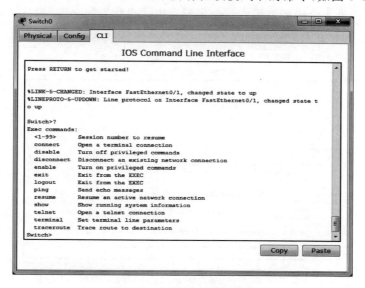

图 3-48 一般用户配置模式

特权用户配置模式：在一般用户配置模式下输入"enable"，进入特权用户配置模式。特权用户配置模式的提示符为"♯"，所以也称为"♯"模式，如图 3-49 所示。

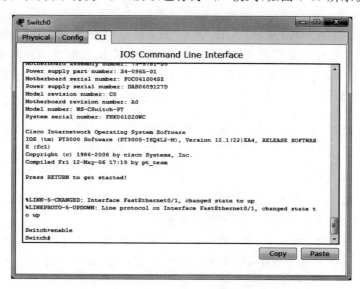

图 3-49 特权用户配置模式

　　在特权用户配置模式下,用户可以查询交换机配置信息、各个端口的连接情况、收发数据统计等。而且进入特权用户配置模式后,可以进入全局模式对交换机的各项配置进行修改。因此,进行特权用户配置模式必须要设置特权用户口令,防止非特权用户的非法使用及对交换机配置进行恶意修改,造成不必要的损失。

　　输入"exit"可以退出当前模式到上一级工作模式。

　　全局配置模式:如图 3-50 所示,在特权模式下输入"config terminal",或"config t",或"config",即可以进入全局配置模式。全局配置模式也称为"config"模式。

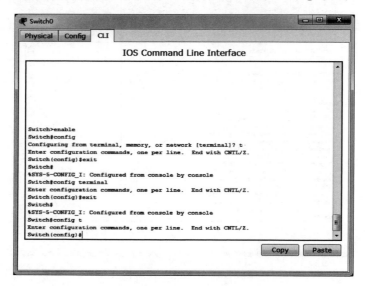

图 3-50　全局配置模式

　　在全局配置模式下,用户可以对交换机进行全局性的配置,如 MAC 地址表、端口镜像、创建 VLAN 等。用户在全局模式下还可以通过命令进入端口,对各个端口进行配置。

　　端口配置模式:在全局配置模式下,输入"interface vlan 1",进入端口配置模式,并对相应端口配置 IP 地址。需要说明的是,因为要保证交换机和配置用户具有网络联通性,所以必须保证交换机具有可与之通信的管理 IP 地址。二层交换机只支持一个 IP 地址,配置的具体命令如图 3-51 所示,其具体格式及功能为:

Switch(config-if)♯ip address 192.168.0.1 255.255.255.0

//设置端口 IP 地址,IP 地址为 192.168.0.1,子网掩码为 255.255.255.0

　　备注:

　　(1)在任何模式下,用户在输入命令时,不用全部将其输入,只要前面几个字母能够唯一标识该命令即可,在此时按"Tab"键将显示全称。

　　(2)在任何模式下,输入一个"?"即可显示所有在该模式下的命令。

　　(3)如果不会拼写某个命令,可以输入开始的几个字母,在其后紧跟一个"?",交换机即显示有什么样的命令与其匹配。

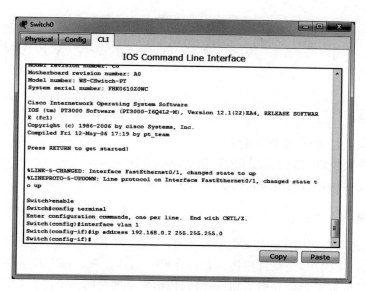

图 3-51　端口配置模式

　　(4)如果不知道命令后面的参数是什么,可以在该命令的关键字之后加一个空格,然后输入"?",交换机即会提示与"?"对应的参数。

　　(5)如果要删除某条配置命令,在原配置命令前加一个"no"和空格。

　　(6)交换机常用配置命令及示例:

　　①进入特权用户配置模式 enable。

Switch＞enable
Switch＃

　　②进入全局配置模式 config terminal。

Switch＞enable
Switch＃config terminal
Switch(config)＃

　　③交换机命名 hostname abc(以名字 abc 为例)。

Switch＞enable
Switch＃config terminal
Switch(config)＃hostname abc
Abc(config)＃

实验 3.3　用交换机创建和管理 VLAN

一、实验目的

(1)掌握交换机 VLAN 划分的方法。

(2)掌握跨交换机相同 VLAN 间通信的调试方法。

(3)了解交换机接口的 trunk 模式和 access 模式。

二、实验原理

(一)虚拟局域网(Virtual Local Area Networks,VLAN)

在交换式以太网中,交换机连接只能构建单一的广播域。随着广播域内计算机数量的增加,广播帧的数量也会急剧增加,网络的传输效率便会明显下降。如果由于节点故障而产生广播风暴,则其他节点无法传输。因此,当网络内的计算机数量达到一定程度后,就必须将一个大的广播域分隔成若干个小的广播域,以减少广播可能造成的损害。分割广播域最简单的方案就是物理分隔,即将一个完整的网络物理地分隔成若干子网络,然后通过一个能够隔离广播的路由设备将彼此连接。除了物理分隔的方法外,也可以在交换机上采用逻辑分隔的方式,将一个大的局域网划分为若干个小的虚拟子网,即 VLAN,从而使每一个子网都成为一个单独的广播域,子网之间进行通信也必须通过路由设备。当 VLAN 在交换机上划分以后,不同 VLAN 间的设备就如同是被物理地分隔了。也就是说,连接到同一交换机但处于不同 VLAN 的设备,就如同被物理地连接到两个位于不同网段的交换机上一样,彼此之间的通信一定要经过路由设备,否则,它们之间将无法得知对方的存在,也无法进行任何联系。

VLAN 是一种通过将局域网内的设备逻辑地而不是物理地划分成不同网段,从而实现虚拟工作组的技术。可根据功能、部门、应用等因素将设备或用户组成群体,而无须考虑它们所处的物理段位置,通过软件在交换机上对 VLAN 进行配置。

以图 3-52 为例,如果一栋多媒体教学楼中包括处于不同楼层的计算机房和语音室,若要保证处于同一楼层的计算机房与语音室相互独立,同时满足处于不同楼层的计算机房和语音室各自仍处于相同网络,则可在其所连接的交换机上划分 VLAN,使得不同楼层的计算机房中各端口均处于同一 VLAN,不同楼层的语音室各端口处于另一 VLAN,两 VLAN 成员之间数据互不干扰,相互隔离。

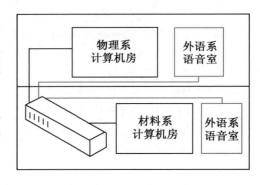

图 3-52　VLAN 应用示例

（二）基于端口的 VLAN

基于端口的 VLAN 就是以交换机上的端口为划分 VLAN 的操作对象。将交换机中的若干个端口定义为一个 VLAN，同一个 VLAN 中的站点在同一个子网里，不同的 VLAN 之间进行通信需要通过路由器。采用这种方式的 VLAN 其不足之处是灵活性不好。例如，当一个网络站点从一个端口移动到另外一个新的端口时，如果新端口与旧端口不属于同一个 VLAN，则用户必须对该站点重新进行网络地址配置，否则该站点将无法进行网络通信。

如图 3-53 所示的划分办法，如果某个节点如第 2、3 两个节点由于主机角色的变更，它们在网络中的身份也发生了变化。这样，对于网络管理员来说，只需要将第 2、3 个节点连接的端口分别从原有的 VLAN 删掉，再加入新的 VLAN 中即可（通过交换机软件配置），而不必在机柜设备中将对应的线缆拔开再插入新的端口中。

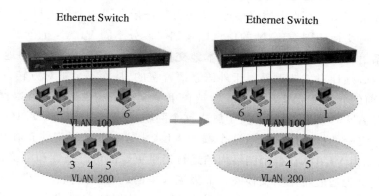

图 3-53　基于端口的 VLAN

（三）基于 MAC 地址的 VLAN

在基于 MAC 地址的 VLAN 中，以网络设备的 MAC 地址（物理地址）为划分 VLAN 的操作对象，将某一组 MAC 地址的成员划分为一个 VLAN。而无论该成员在网络中怎样移动，由于其 MAC 地址保持不变，用户不需要进行网络地址的重新配置。如图 3-54 所示，这种 VLAN 技术的不足之处是在站点入网时，需要对交换机进行比较复杂的手工配置，以确定该站点属于哪一个 VLAN。

这种 VLAN 划分方法对于小型园区网的管理非常有效，但当园区网的规模扩大后，网络管理员的工作量也将随之增加。因为在新的节点加入网络中时，必须要为它们分配 VLAN 以保证其能正常工作，而统计每台机器的 MAC 地址将耗费管理员很多时间，将这些 12 位的十六进制数在交换机中进行配置比较繁琐。因此在现代园区网络的实施中，这种基于 MAC 地址的 VLAN 划分办法已经很少被采用。

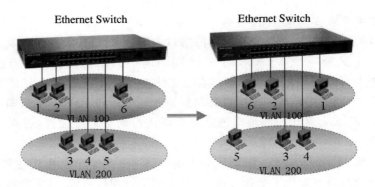

图 3-54　基于 MAC 地址的 VLAN

（四）帧标记法（IEEE 802.1Q）

仍以图 3-52 为例，若两个楼层很远，无法直接连接在同一个交换机上，则势必造成两个交换机间如何交换相同 VLAN 的信息以及如何区分不同 VLAN 的问题。交换机必须保证从外语系语音室接收的信息即使在本地交换机无法直接交换至目的地，转发给另一台交换机时也必须让对方知道是属于外语系语音室的，从而不会被对方转发给计算机房。但是，在此之前的介绍中，VLAN 的信息是在单个交换机中实施的，当数据发出交换机时，不携带 VLAN 的信息。因此，为了解决这个问题，IEEE 制定了 802.1Q 标准，为必要的帧分配一个唯一的标记用以标示这个帧的 VLAN 信息。帧标记法正在成为标准的主干组网技术，能为 VLAN 在整个网络内的运行提供更好的可升级性和可跨越性。

帧标记法是为适应特定的交换技术而发展起来的。当数据帧在网络交换机之间转发时，在每一帧中加上唯一的标识，每一台交换机在将数据帧广播或发送给其他交换机之前，都要对该标记进行分析和检查。当数据帧离开网络主干时，交换机在把数据帧发送给目的地工作站之前清除该标识。在第二层对数据帧进行鉴别只会增加少量的处理和管理开销。如图 3-55 所示，IEEE 802.1Q 使得跨交换机相同 VLAN 间通信成为可能。

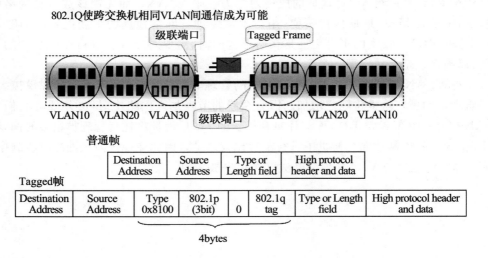

图 3-55　IEEE 802.1Q 标记法

由于可以跨交换机部署 VLAN,交换机之间的级联口成为一个特殊的端口。因为这个端口需要承载多个 VLAN 的数据流,所以,我们可以使用 802.1Q 协议在数据帧上打 Tag,标识不同的 VLAN 数据。

多交换机之间 VLAN 的实现主要是解决了不同交换机级联端口之间的通信问题。当多台交换机进行级联时,应该把级联端口设置为标记(Tagged)端口,而将其他端口均设置为未标记(Untagged)端口。Tagged 端口的功能相当于一个公共通道,它允许不同 VLAN 的数据都可以通过此端口进行传输。

在 IEEE 802.1Q 中,有两种动作行为。

Tagging:将 802.1Q VLAN 的信息加入数据帧的首部。具有加标记能力的端口将会执行 Tagging 操作,将 VID、优先级和其他 VLAN 信息加入所有从该端口转发出去的数据帧内。

Untagging:将 802.1Q VLAN 的信息从数据帧的首部去掉。具有去标记能力的端口将会执行 Untagging 操作,将 VID、优先级和其他 VLAN 信息从所有从该端口转发出去的数据帧头中去掉。

与之对应,交换机的端口也分为两种。

Tagged 端口:从 Tagged 端口转发出去的数据帧一定是已经打上 VLAN 标识的数据帧。Tagged 数据帧经过 Tagged 端口,端口对数据帧不做任何动作;Untagged 数据帧经过 Tagged 端口,数据帧在出端口的时候,端口执行 Tagging 操作,把数据帧所在 VLAN 的 VID 作为 Tag 打在数据帧上。

Untagged 端口:从 Untagged 端口转发出去的数据帧一定是已经去掉 Tag 的数据帧。Tagged 数据帧经过 Untagged 端口,数据帧在出端口的时候,端口执行 Untagging 操作,把数据帧中的 Tag 标记去除;Untagged 数据帧经过 Untagged 端口,端口对数据帧不做任何动作。

VLAN 交换机的链路分为三种。

接入链路:接入链路(Access Link)是用来将普通不支持 VLAN 功能的主机或网络接入一个 VLAN 交换机的端口。简单地说,就是将普通以太网设备接入 VLAN 交换机。

中继链路:中继链路(Trunk Link)是只承载标记数据的干线链路,只能支持那些理解 IEEE 802.1Q 帧格式的 VLAN 设备。中继链路通常的用途就是连接两个 VLAN 交换机。

混合链路:混合链路(Hybrid Link)是接入链路和中继链路混合所组成的链路,即连接 VLAN-aware 设备和 VLAN-unaware 设备的链路。这种链路可以同时承载标记数据和非标记数据。

三、实验拓扑

两台交换机 Switch0、Switch1 及八台计算机 PC0~PC7 构成网络,网络拓扑如图 3-56 所示。其中,交换机与计算机之间使用直通双绞线将其快速以太网 FastEthernet 端口连接,交换机 Switch0 与 Switch1 之间使用交叉双绞线将其快速以太网 FastEthernet 端口连接。

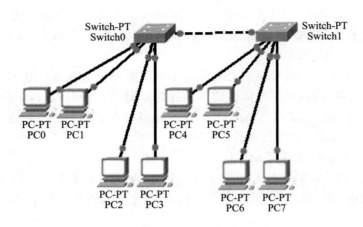

图 3-56　网络拓扑图

在 Switch0 和 Switch1 上分别划分两个基于端口的 VLAN：VLAN100 和 VLAN200，具体参数如表 3-1 所示，可使得交换机之间 VLAN100 的成员能够互相访问，VLAN200 的成员能够互相访问，VLAN100 和 VLAN200 的成员之间不能互相访问。

表 3-1　　　　　　　　　　　　　　　VLAN 成员

VLAN	端口成员
100	0～2
200	3～5
Trunk	9

各主机的网络设置如表 3-2 所示。

表 3-2　　　　　　　　　　　　　各主机的网络信息设置

设备	IP 地址	子网掩码
PC0	192.168.1.101	255.255.255.0
PC1	192.168.1.102	255.255.255.0
PC4	192.168.1.103	255.255.255.0
PC5	192.168.1.104	255.255.255.0
PC2	192.168.1.201	255.255.255.0
PC3	192.168.1.202	255.255.255.0
PC6	192.168.1.203	255.255.255.0
PC7	192.168.1.204	255.255.255.0

PC0、PC1 分别接在不同交换机 VLAN100 的成员端口 0～2 上,两台 PC 互相 ping 通;PC0、PC1 分别接在不同交换机 VLAN 的成员端口 3～5 上,互相 ping 通;PC0 和 PC1 接在不同 VLAN 的成员端口上,互相 ping 不通。该现象可按表 3-3 所示进行验证。

表 3-3   验证示例

动 作	结 果	验 证
PC0 ping PC1	通	相同 VLAN 下各主机可以互相访问
PC0 ping PC2	不通	不同 VLAN 下主机不可以互相访问
PC0 ping PC4	通	相同 VLAN 下各主机可以互相访问
PC0 ping PC6	不通	不同 VLAN 下主机不可以互相访问

四、实验步骤

(1)创建网络拓扑。创建如图 3-57 所示的网络拓扑。

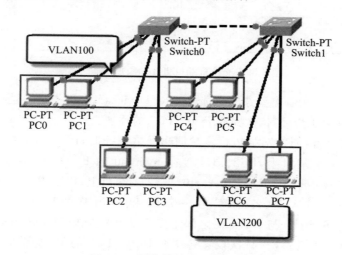

图 3-57   网络拓扑图及 VLAN 划分

①添加交换机。在设备类型选框内先找到需要添加设备的类型"Switches",然后在同类设备选框中选择"Switch-PT"。将选中的 Switch-PT 图标拖到工作区,依次完成 Switch0 和 Switch1 的添加。

②将交换机物理端口均更改为快速以太网端口,如图 3-58 所示。

图 3-58   更改后的交换机端口

　　具体步骤如下：单击工作区的 Switch0，弹出设备配置管理窗口，按照图 3-59 所示的步骤完成 Switch0 的端口更改和添加；按照同样的方法，将 Switch1 的端口全部更改为快速以太网端口。

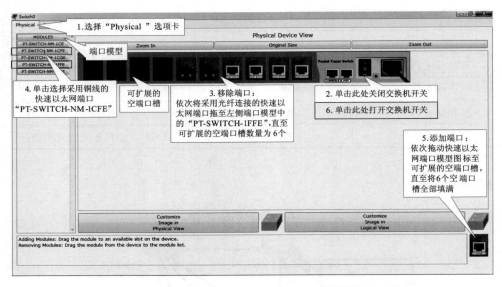

图 3-59　交换机端口更改和添加步骤

　　③添加计算机。在设备类型选框中选取"End Devices"，在同类设备选框中选择"PC-PT"，并拖动其图标至工作区，依次完成 PC0～PC7 的添加。

　　④连接所添加设备，创建网络拓扑。在创建网络拓扑时，PC0、PC1 接在 Switch0 的 FastEthernet0/1～2/1 端口上，PC2、PC3 接在 Switch0 的 FastEthernet3/1～5/1 端口上，PC4、PC5 接在 Switch1 的 FastEthernet0/1～2/1 端口上，PC6、PC7 接在 Switch1 的 FastEthernet3/1～5/1 端口上，各台 PC 与 Switch0 和 Switch1 的 FastEthernet 端口之间用直通双绞线连接，Switch0 与 Switch1 之间用交叉双绞线连接 FastEthernet9/1 端口。

　　⑤配置计算机。按照表 3-2 依次设置各主机 PC0～PC7 的 IP 地址及子网掩码。具体配置方法可参考实验 3.1 中的"配置计算机"部分。

　　（2）创建 VLAN。在 Switch0 和 Switch1 上创建 VLAN100 和 VLAN200，同时按表 3-4 所示划分端口。

表 3-4　　　　　　　　　　　　　　端口划分

VLAN	端口成员
100	FastEthernet0～2
200	FastEthernet3～5
1（默认）	FastEthernet6～8
Trunk 口	FastEthernet9

　　以 Switch0 为例进行配置,具体步骤如下:单击工作区中的 Switch0 图标,弹出设备配置管理窗口,按照图 3-60 所示的提示创建 VLAN100;按照同样的方法,创建 VLAN200。

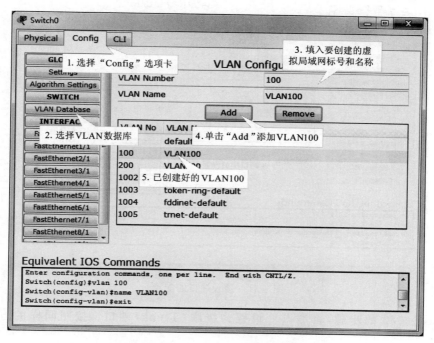

图 3-60　在 Switch0 上创建 VLAN100

　　参照 Switch0 的配置方法,对 Switch1 进行配置和 VLAN 的创建。

　　(3)划分端口。以 Switch0 为例,按照图 3-61 的步骤,将端口 0 划分给 VLAN100;按照同样的方法,将端口 1、2 划分给 VLAN100,端口 3~5 划分给 VLAN200;端口 6~8 为默认 VLAN1。

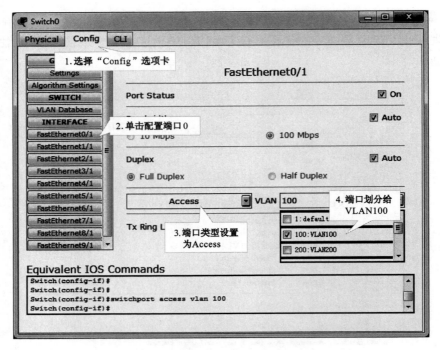

图 3-61　接入端口的配置

按照图 3-62 的步骤，将端口 9 设置为级联（Trunk）端口。按照同样的方法配置 Switch1。

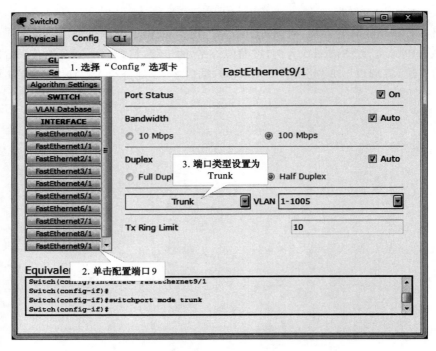

图 3-62　级联端口的配置

　　(4)测试网络联通性。具体的测试步骤如下：

　　①PC0 ping PC1：PC1 的 IP 地址为 192.168.1.102,PC0 和 PC1 为同一台交换机上的快速以太网端口,并且都划分在 VLAN100 下。打开 PC0 的命令提示符界面,输入 ping 192.168.1.102,结果如图 3-63 所示。

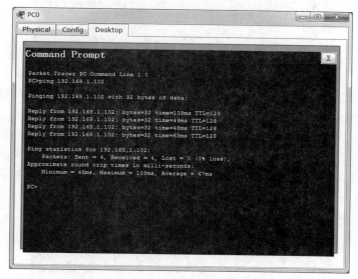

图 3-63　PC0 ping PC1

　　结论：PC0 成功 ping 通 PC1,说明同一台交换机上的相同 VLAN 下各主机可以互相访问。

　　②PC0 ping PC2：PC2 的 IP 地址为 192.168.1.201,PC0 和 PC2 为同一台交换机上的快速以太网端口,但分别划分在 VLAN100 和 VLAN200 下。打开 PC0 的命令提示符界面,输入 ping 192.168.1.201,结果如图 3-64 所示。

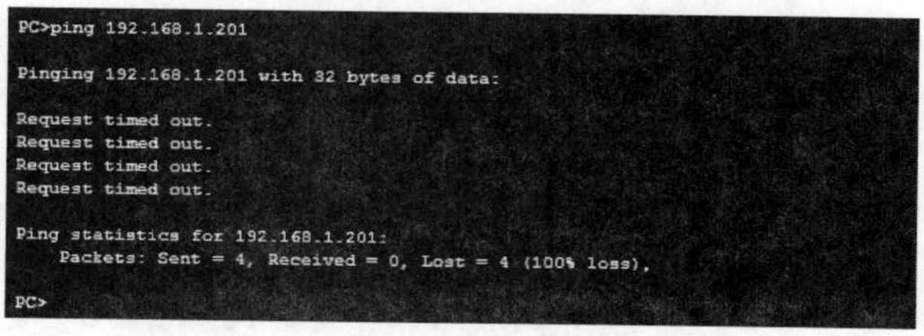

图 3-64　PC0 ping PC2

　　结论：PC0 未成功 ping 通 PC2,说明同一台交换机上的不同 VLAN 下各主机不可以互相访问。

　　③PC0 ping PC4：PC4 的 IP 地址为 192.168.1.103,PC0 和 PC4 为不同交换机(两个交换机经过 Trunk 口连接)上的快速以太网端口,但均划分在 VLAN100 下。打开 PC0 的命令提示符界面,输入 ping 192.168.1.103,结果如图 3-65 所示。

```
PC>ping 192.168.1.103

Pinging 192.168.1.103 with 32 bytes of data:

Reply from 192.168.1.103: bytes=32 time=124ms TTL=128
Reply from 192.168.1.103: bytes=32 time=94ms TTL=128
Reply from 192.168.1.103: bytes=32 time=78ms TTL=128
Reply from 192.168.1.103: bytes=32 time=78ms TTL=128

Ping statistics for 192.168.1.103:
    Packets: Sent = 4, Received = 4, Lost = 0 (0% loss),
Approximate round trip times in milli-seconds:
    Minimum = 78ms, Maximum = 124ms, Average = 93ms

PC>
```

图 3-65　PC0 ping PC4

结论：PC0 成功 ping 通 PC4，说明不同交换机（两个交换机经 Trunk 口连接）上的相同 VLAN 下各主机可以互相访问。

④PC0 ping PC6：PC6 的 IP 地址为 192.168.1.203，PC0 和 PC6 为不同交换机（两个交换机经 Trunk 口连接）上的快速以太网端口，且分别划分在 VLAN100、VLAN200 下。打开 PC0 的命令提示符界面，输入 ping 192.168.1.203，结果如图 3-66 所示。

```
PC>ping 192.168.1.203

Pinging 192.168.1.203 with 32 bytes of data:

Request timed out.
Request timed out.
Request timed out.
Request timed out.

Ping statistics for 192.168.1.203:
    Packets: Sent = 4, Received = 0, Lost = 4 (100% loss),

PC>
```

图 3-66　PC0 ping PC6

结论：PC0 未成功 ping 通 PC6，说明不同交换机（两个交换机经 Trunk 口连接）上的不同 VLAN 下各主机不可以互相访问。

五、总　结

VLAN 的作用是减少广播风暴，隔离网段；经过 Trunk 口连接的两个交换机，其功能等同于一个交换机（端口增多）；相同 VLAN 下各主机可以互相访问，不同 VLAN 下各主机不能互相访问。

实验 3.4　命令行模式下 VLAN 的划分

一、实验目的

（1）熟悉命令行模式下 VLAN 的创建。
（2）熟悉交换机的配置方法。
（3）掌握把交换机接口划分到特定的 VLAN 的方法。

二、实验拓扑

实验拓扑如图 3-67 所示，各计算机的 IP 地址在图中已标示。其中，Switch0 和 Switch1 均选择 2950-24 型号，Switch0 和 Switch1 的 FastEthernet0/1～0/4 划为 VLAN100，FastEthernet0/5～0/8 划为 VLAN200，FastEthernet0/9～0/12 划为 VLAN300，FastEthernet0/24 为 Trunk 口。PC0、PC3 分别接在 Switch0 和 Switch1 的 FastEthernet0/1～0/4 任一端口上，PC1、PC4 分别接在 Switch0 和 Switch1 的 FastEthernet0/5～0/8 任一端口上，PC2、PC5 分别接在 Switch0 和 Switch1 的 FastEthernet0/9～0/12 任一端口上，PC 与 Switch0 和 Switch1 的 FastEthernet 端口之间用直通双绞线连接，Switch0 与 Switch1 之间的 FastEthernet0/24 端口用交叉双绞线连接。

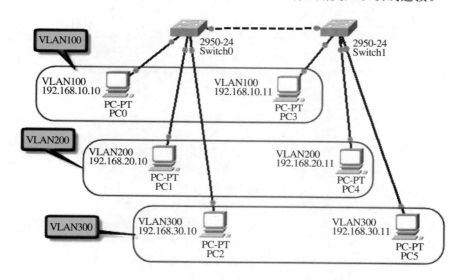

图 3-67　网络拓扑图

三、实验步骤

（1）创建网络拓扑。创建如图 3-67 所示的网络拓扑，并为各台计算机配置 IP 地址等信息。具体方法可参考实验 3.3 中的"创建网络拓扑"部分。

（2）创建 VLAN。单击工作区的 Switch0，弹出设备配置管理窗口，单击"CLI"选项卡，即可在命令行模式下对交换机进行配置。

方法一：如图 3-68 所示，依次输入以下命令，完成 VLAN 创建。

Switch＞enable	//从一般用户配置模式进入特权用户配置模式
Switch # vlan database	//进入 vlan 配置模式
Switch(vlan) # vlan 100 name VLAN100	//创建 vlan 100 并命名为 VLAN100
Switch(vlan) # vlan 200 name VLAN200	//创建 vlan 200 并命名为 VLAN200
Switch(vlan) # vlan 300 name VLAN300	//创建 vlan 300 并命名为 VLAN300

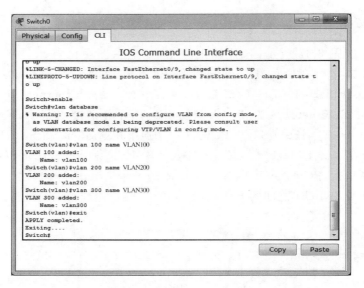

图 3-68   创建 VLAN 方法一

方法二：同样，也可以按照图 3-69 所示的步骤配置 VLAN，依次输入以下命令。

Switch＞enable	//从一般用户配置模式进入特权用户配置模式
Switch # config terminal	//进入全局配置模式
Switch(config) # vlan 100	//创建 VLAN100
Switch(config-vlan) # name VLAN100	//将创建的 vlan 命名为 VLAN100
Switch(config-vlan) # exit	//返回全局配置模式
Switch(config) # vlan 200	//创建 vlan 200
Switch(config-vlan) # name VLAN200	//将创建的 vlan 命名为 VLAN200
Switch(config-vlan) # exit	//返回全局配置模式
Switch(config) # vlan 300	//创建 vlan 300
Switch(config-vlan) # name VLAN300	//将创建的 vlan 命名为 VLAN300
Switch(config-vlan) # exit	//返回全局配置模式

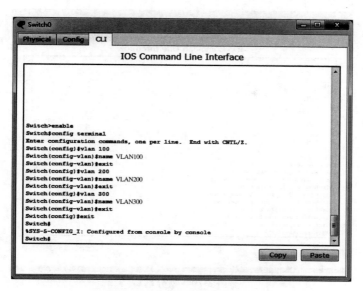

图 3-69　创建 VLAN 方法二

（3）创建完 VLAN 后，将各个端口划分到同一 VLAN 下。

①以 Switch0 的 FastEthernet0/1 和 FastEthernet0/24 端口的配置为例，如图 3-70 所示，依次输入相应命令即可实现相应备注功能。

Switch＞enable	//从一般用户配置模式进入特权用户配置模式
Switch # config terminal	//进入全局配置模式
Switch(config) # interface f0/1	//进入快速以太网端口 FastEthernet0/1(f0/1)配置
Switch(config-if) # switch mode access	//将该端口配置为 Access 工作模式
Switch(config-if) # switch access vlan 100	//将该端口划分到 vlan 100
Switch(config-if) # exit	//返回全局配置模式
Switch(config) # interface f0/24	//进入快速以太网端口 FastEthernet0/24(f0/24)配置
Switch(config-if) # switch mode trunk	//将该端口配置为 Trunk 工作模式

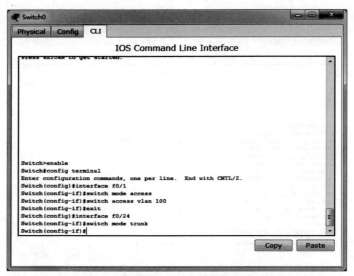

图 3-70　划分端口

②参考以上命令，将 Switch0 和 Switch1 的所有端口进行正确的工作模式和 VLAN 配置。

(4)查看 VLAN。以 Switch0 为例，如图 3-71 所示，使用 show vlan 命令即可查看 VLAN 的信息，以及每个 VLAN 上的端口。值得注意的是，这里只能看到的是本交换机上哪个端口在 VLAN 上，而不能看到其他交换机端口在什么 VLAN 上。

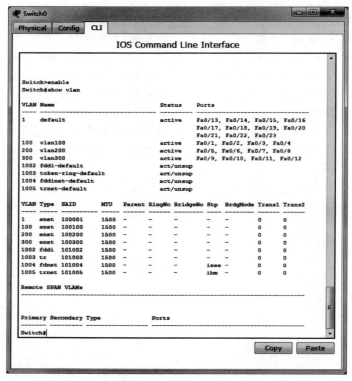

图 3-71　查看 VLAN

实验 3.5　路由器的基本操作

一、实验目的

(1)了解路由器的工作原理。

(2)熟悉路由器的外观。

(3)了解路由器各端口的名称和作用。

(4)掌握路由器基本的管理方式。

(5)熟悉模拟软件 Packet Tracer 的使用。

二、实验原理

路由器工作在网络层,通常比中继器、网桥和交换机都要复杂。路由器是对数据包进行操作,可以将广播数据包隔离在一个网段内而不穿过路由器影响另一个网段。路由器是隔离广播的网络层设备,而交换机和网桥是隔离冲突的数据链路层设备。

路由器是通过第三层地址对信息进行路由操作的。路由器通过计算数据包中的目标地址来实现对网络的物理和逻辑分割。如果数据包地址指示的目标在同一个网段(或子网)内,路由器就把数据流限制在该网段。如果数据包的目标地址在另一个网段,路由器就把数据包发送到与目标网段对应的物理端口上。路由表储存在路由器的内存中,把数据包地址和物理端口号对应起来。

（一）路由器的组成

路由器具有四个要素:输入端口、输出端口、交换开关和路由处理器,如图 3-72 所示。

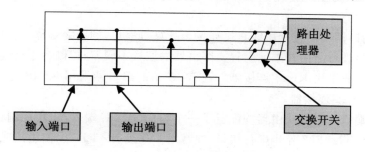

图 3-72　路由器组成示意图

(1)输入端口是物理链路和输入数据包的进口处,端口通常由线卡提供,一块线卡一般支持 4 个、8 个或 16 个端口。一个输入端口具有许多功能。第一,进行数据链路层的封装和解封装。第二,在路由表中查找输入数据包目的地址,从而决定目的端口(称为“路由查找”)。路由查找可以使用一般的硬件来实现,或通过在每块线卡上嵌入一个微处理器来完成。第三,为了提供服务质量(Quality of Service,QoS),端口要将收到的数据包分成几个预定义的服务级别。第四,端口运行各种协议,比如串行线网际协议(Serial Line

Internet Protocol，SLIP)和点对点协议(Point to Point Protocol，PPP)等数据链路层协议或者点对点隧道协议(Point to Point Tunneling Protocol，PPTP)等网络层协议。一旦路由查找完成，必须用交换开关将数据包发送到其输出端口。如果路由器是输入端加队列的，则由几个输入端共享一个交换开关。这样，输入端口的最后一项功能就是参加对公共资源(如交换开关)的仲裁协议。

(2)交换开关可以使用不同的技术来实现。使用较多的交换开关技术是总线开关、交叉开关和共享存储器，最简单的开关使用一条总线来连接所有输入和输出端口。总线开关的缺点是其交换容量受限于总线的容量以及为共享总线仲裁所带来的额外开销。交叉开关通过开关提供多条数据通路，具有 $N×N$ 个交叉开关可以被认为具有 $2N$ 条总线。如果一个交叉点闭合，则输入总线上的数据在输出总线上可用，否则不可用。交叉点的闭合与打开由调度器来控制，因此，调度器限制了交换开关的速度。在共享存储器路由器中，进来的数据包被存储在共享存储器中，所交换的仅是数据包的指针，这样提高了交换容量，但是开关的速度受限于存储器的存取速度。

(3)输出端口在数据包被发送到输出链路之前对其进行存储，可以实现复杂的调度算法以支持优先级等要求。与输入端口相同，输出端口需要支持数据链路层的封装和解封装，以及许多较高级协议。

(4)路由器的 CPU 负责路由器的配置管理和数据包的转发工作，如维护路由器所需的各种表格以及路由运算等。路由器对数据包的处理速度在很大程度上取决于 CPU 的类型和性能。

(5)控制台端口。由于路由器本身不带有输入和终端显示设备，且它需要进行必要的配置后才能正常使用。所以，所有路由器都安装了控制台(Console)端口，使用户或管理员能够利用终端与路由器进行通信，完成路由器配置。该端口提供了一个 EIA/TIA-232 异步串行接口，用于在本地对路由器进行配置。值得注意的是，首次配置必须通过控制台端口进行。

控制台端口使用配置专用线直接连接至计算机串口，利用终端仿真程序(如Windows 下的超级终端)进行路由器本地配置。路由器的型号不同，与控制台进行连接的具体接口方式也不同，一般采用 RJ-45 连接器。通常，较小的路由器采用 RJ-45 连接器，而较大的路由器采用 DB-25 连接器。

(6)辅助端口。多数路由器均配备了一个辅助(AUX)端口，它与控制台端口类似，提供了一个 EIA/TIA-232 异步串行接口，通常用于连接 Modem，以使用户或管理员对路由器进行远程管理。

(二)路由器的基本功能

路由器的功能可简要概括为：在网络间截获发送到远地网络段的网络数据包文，并转发出去；为不同网络之间的用户提供最佳的通信途径；子网隔离，抑制广播风暴；维护路由表，并与其他路由器交换路由信息，这是网络层数据包文转发的基础；实现对数据包的过滤和记账；利用网际协议，可以为网络管理员提供整个网络的有关信息和工作情况，以便于对网络进行有效管理；可进行数据包格式的转换，实现不同协议、不同体系结构网络的互联能力。

(三)路由器的工作原理

路由器中时刻维持着一张路由表,所有报文的发送和转发都需要通过查找路由表从相应端口发送。这张路由表可以是静态配置的,也可以是由动态路由协议产生的。物理层从路由器的一个端口收到一个报文,向上送到数据链路层。数据链路层去掉链路层封装,根据报文的协议域向上送到网络层。网络层首先检查报文是否是送给本机的,倘若是,去掉网络层封装,送给上层;倘若不是,则根据报文的目的地址查找路由表。若找到路由,则将报文送给相应端口的数据链路层,数据链路层封装后,发送报文;若找不到路由,则丢弃报文。

(四)路由器的配置

路由器与交换机不同,其没有默认配置,购买后必须进行配置,目的是可以在网络内使用。一旦经过配置,网络操作人员需要经常检查不同的路由器组建的状态。与交换机相比,路由器的功能更加丰富。

网络互联操作系统(Internetworking Operating System,IOS)是运行在网络产品上的软件,这个平台集成在计算机互联网络的网络设备的互操作中。IOS 的主要目的是启动网络设备硬件,并开始在互联网络上进行最优的数据传输。

三、实验拓扑

实验拓扑如图 3-73 所示。其中,PC0 的 FastEthernet 端口与路由器 Router0 的 FastEthernet 端口使用交叉双绞线连接,PC1 的 RS232 串口与路由器 Router1 的 Console 控制台端口通过专用的 Console 控制台配置线连接,Router0 与 Router1 的 Serial 串口通过串行线连接。

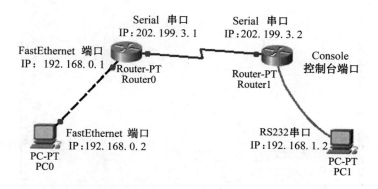

图 3-73 实验拓扑图

四、实验步骤

(1)添加路由器。打开 Packet Tracer 程序,在设备类型选框内先找到需要添加设备的类型"Routers",然后在同类设备选框中选择"Router-PT"。单击选中的 Router-PT 图标,然后单击工作区,或直接将选中的 Router-PT 图标拖到工作区,如图 3-74 所示。

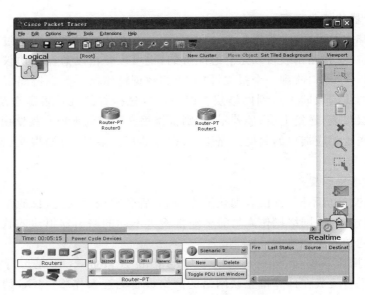

图 3-74　将路由器添加至工作区

（2）添加计算机。在设备类型选框中选取"End Devices"，在同类设备选框中选择"PC-PT"，并拖动其图标至工作区，如图 3-75 所示。

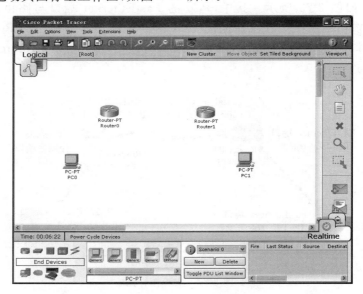

图 3-75　添加计算机

（3）选择连接线。连接所添加设备，搭建网络拓扑。

①在设备类型选框中选取"Connections"，然后在同类设备选框中选择"Copper Cross-Over"（即交叉双绞线），单击该图标，工作区内鼠标则出现连线的提示符。

②连接计算机与 Router0：单击 PC0，选择计算机要连接的接口"FastEthernet"（即快速以太网端口），然后单击 Router0，选择所要连接的接口"FastEthernet0/0"，完成 PC0 与

Router0 的连接,如图 3-76 所示。

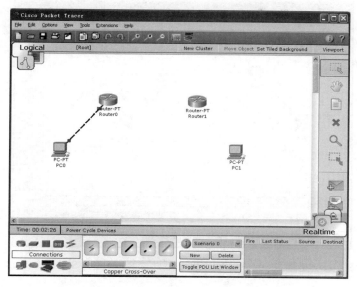

图 3-76　连接 PC0 和 Router0 的快速以太网口

③在设备类型选框中选取"Connections",在同类设备选框中选择"Console"(即控制台配置线),将 PC1 的 RS232 串口与 Router1 的 Console 控制台端口连接起来,如图 3-77 所示。

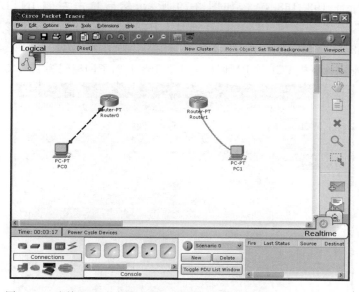

图 3-77　连接 PC1 的 RS232 串口与 Router1 的 Console 控制台端口

④在设备类型选框中选取"Connections",在同类设备选框中选择"Serial DTE"(连接 DTE 的串行线),将 Router0 的 Serial2/0 串口与 Router1 的 Serial2/0 串口连接起来,如图 3-78 所示。

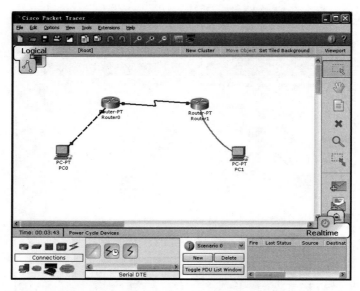

图 3-78　连接 Router0 的 Serial2/0 串口与 Router1 的 Serial2/0 串口

　　备注:如果设备接口之间的连线两端显示的圆点为红色,则表示两端口不通或配置不全。

　　(4)配置计算机。

　　①单击计算机 PC0,弹出设备配置管理窗口,该窗口包括物理外观(Physical)、配置(Config)及桌面(Desktop)三个选项卡。单击"Config"选项卡,在"Gateway"(网关)中输入默认网关的地址 192.168.0.1,如图 3-79 所示,然后单击左侧 INTERFACE 中的"FastEthernet",配置计算机 PC0 的 IP 地址(IP Address:192.168.0.2)及子网掩码(Subnet Mask:255.255.255.0),如图 3-80 所示。

　　②类似地,配置计算机 PC1 的 IP 地址,为 192.168.1.2,子网掩码为 255.255.255.0。

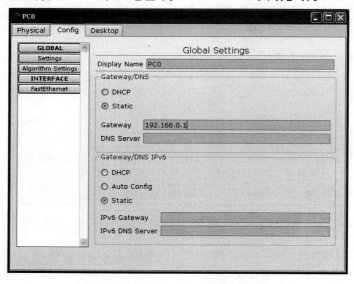

图 3-79　配置 PC0 的默认网关信息

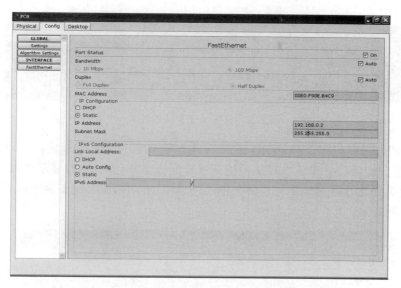

图 3-80 配置计算机 PC0 的快速以太网端口信息

（5）路由器的基本操作。单击路由器 Router0 图标，弹出路由器配置窗口，该窗口包括物理外观（Physical）、可视化配置（Config）和命令行界面（CLI）三个选项卡，如图 3-81 所示。"Physical"选项卡中可以看到设备的物理外观，并且可用于添加各种端口模块。

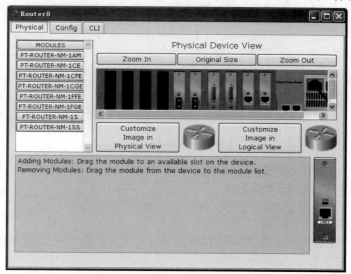

图 3-81 路由器配置窗口

如图 3-82 所示，Router-PT 从左到右分别为四个端口扩展槽、两个使用光纤连接的 FastEthernet 端口、两个串行口、两个使用双绞线连接的 FastEthernet 端口、一个 Console 配置口、一个 AUX 辅助口以及开关。

图 3-82　Router-PT 面板外观

　　"Config"选项卡如图 3-83 所示,提供了简单配置路由器的图形化界面,包含全局信息、路由信息和端口信息等。当对某项信息进行配置时,下方会同时显示该操作的相应命令。需要说明的是,这是 Packet Tracer 中的快速配置方式,主要用于简单配置,实际设备中并没有这种方式。

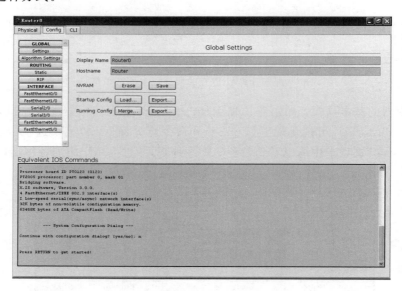

图 3-83　Config 选项卡

　　"CLI"选项卡如图 3-84 所示,该选项卡是在命令行模式下对路由器进行配置,这种模式与实际路由器的配置环境非常相似。

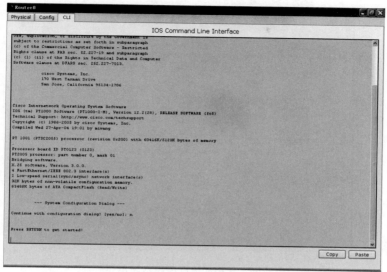

图 3-84　CLI 选项卡

①登录路由器：登录路由器的方式一般包含五种：通过 Console 终端方式；通过 Telnet 远程登录；通过 AUX 接 Modem，然后通过电话线与远方的终端或运行终端仿真软件的计算机连接；本地或远程用户通过 HTTP 协议进行配置；通过网络管理软件。其中，通过 Console 控制台端口进行本地配置是最常用的方法。此时，终端的硬件设置如下：波特率：9600bit/s；数据位：8；停止位：1；奇偶校验：无。

方法一：单击路由器 Router0 和 Router1，弹出路由器配置窗口，单击"CLI"选项卡，即可分别在命令行模式下对路由器进行配置。

方法二：单击计算机 PC1，弹出设备配置管理窗口，单击"Desktop"选项卡，然后单击"Terminal"图标，使用超级终端接入路由器。单击后弹出连接的各个属性参数，如图 3-85 所示。选择"OK"，连接进入路由器，如图 3-86 所示。

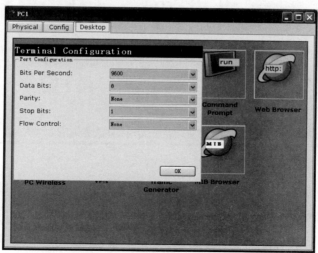

图 3-85　超级终端属性参数

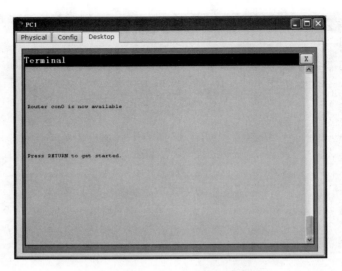

图 3-86　使用超级终端接入路由器

②**路由器的主要配置模式**：路由器软件（如 Cisco IOS）命令模式结构中使用了层次命令，每一种命令模式支持与设备类型操作相关的 IOS 命令。

一般用户配置模式：单击"CLI"选项卡，并回车，路由器进入一般用户配置模式，也称为"＞"模式，在该模式下使用"?"即可显示所有在该模式下的命令，如图 3-87 所示。

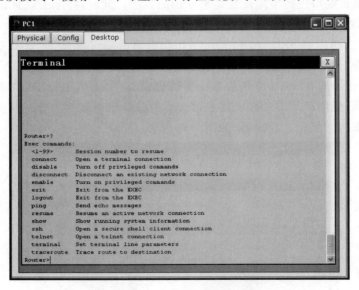

图 3-87　一般用户配置模式

特权用户配置模式：在一般用户配置模式下输入"enable"，进入特权用户配置模式，特权用户配置模式的提示符为"♯"，所以也称为"♯"模式，如图 3-88 所示。

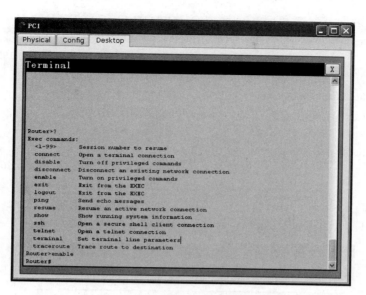

图 3-88　特权用户配置模式

全局配置模式：如图 3-89 所示，在特权模式下输入"config terminal"，或"config t"，或"config"即可以进入全局配置模式。全局配置模式也称为"config 模式"。

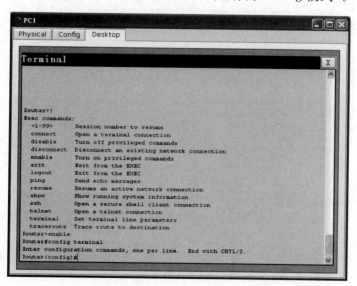

图 3-89　全局配置模式

在全局配置模式下，用户可以通过命令进入端口对各个端口进行配置。图 3-90 中详细描述了对 Router0 的 FastEthernet0/0 快速以太网端口及 Serial2/0 串口进行 IP 地址信息配置的过程，所输入的命令及相应的功能如下：

Router＞enable　　　　　　　　　　　　//进入特权配置模式
Router＃configure terminal　　　　　　//进入全局配置模式

Router(config)♯interface FastEthernet0/0   //配置端口 FastEthernet0/0

Router(config-if)♯ip address 192.168.0.1 255.255.255.0

　　　　　　　　　　　　　　　　　　//设置 IP 地址和子网掩码分别为 192.168.0.1

　　　　　　　　　　　　　　　　　　//和 255.255.255.0

Router(config-if)♯no shutdown   //激活端口

Router(config-if)♯exit   //退出该端口的配置

Router(config)♯interface Serial2/0   //配置端口 Serial2/0

Router(config-if)♯ip address 202.199.3.1 255.255.255.0

　　　　　　　　　　　　　　　　　　//设置 IP 地址和子网掩码分别为 202.199.3.1

　　　　　　　　　　　　　　　　　　//和 255.255.255.0

Router(config-if)♯clock rate 64000   //将串口波特率设置为 64000

Router(config-if)♯no shutdown   //激活端口

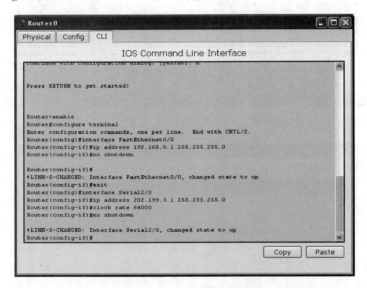

图 3-90　对路由器 Router1 进行端口信息配置

　　需要说明的是,如果对路由器 Router0 进行端口信息配置,由于 PC0 并未通过线缆与 Router0 的 Console 控制台端口连接,所以无法使用超级终端的连接方式。此时,直接单击路由器 Router0 图标,弹出路由器配置窗口,单击"CLI"选项卡,即可在命令行模式下对路由器进行配置,具体的配置过程如图 3-91 所示。如果对路由器 Router1 进行端口信息配置,由于 PC1 与 Router1 的 Console 控制台端口连接,所以可以使用超级终端的连接方式,或直接在路由器配置窗口中采用命令行模式对路由器进行配置。

　　备注:

　　(1)本实验旨在使大家熟悉路由器的基本操作方法,所以实验步骤中所设置的环节并不完善,某些信息并未配置完整,所以网络并未完全联通。

　　(2)在接口配置模式下,路由器 IP 地址的配置命令为 ip address,常用语法为:

　　Router(config-if)♯ip address ip-address net-mask

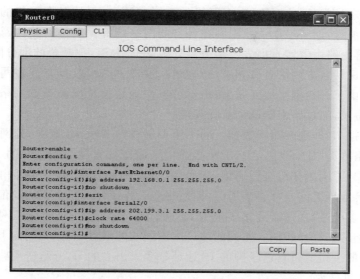

图 3-91　在 CLI 选项卡中对路由器 Router0 端口进行配置

　　其中,参数 ip-address 表示接口的 IP 地址,参数 net-mask 为相应的子网掩码,两参数均为点分十进制格式。

　　(3)在接口配置模式下,路由器取消接口 IP 地址的命令为 no ip address,其常用语法为:

no ip address [ip-address]

　　如果该命令不带 ip-address,则删除该接口上全部的 IP 地址。

　　(4)在接口配置模式下,设置串口硬件连接的时钟速率(波特率)的命令为 clock rate。

　　(5)在接口配置模式下,设置接口类型并且输入接口配置模式的命令为 interface。

实验 3.6　路由器的静态路由配置实验

一、实验目的

(1)了解路由器的静态路由工作原理。

(2)了解路由器各端口的名称和作用。

(3)掌握在命令行模式下配置路由器的方法。

(4)掌握使用用户界面的特性配置路由器的方法。

二、实验原理

(一)路由器互联网络

路由器互联与网络的协议有关,我们仅讨论限于 TCP/IP 网络的情况。

路由器工作在 OSI 模型中的第三层,即网络层,利用网络层定义的逻辑上的网络地址(即 IP 地址)区别不同的网络,实现网络的互联和隔离,保持各个网络的独立性。路由器不转发广播消息,而将广播消息限制在各自的网络内部。发送到其他网络的数据先被送到路由器,再由路由器转发出去。路由器只转发 IP 分组,把其余的部分限制在网内(包括广播),从而保持各个网络具有相对的独立性,这样可以组成具有许多网络(子网)互联的大型网络。由于是在网络层互联,路由器可方便地连接不同类型的网络。只要网络层运行的是 IP 协议,通过路由器就可互联起来。

路由器根据 IP 地址来转发数据。同一个网络中的主机 IP 地址,其网络号必须是相同的,这个网络称为"IP 子网"。IP 子网内通信只能在具有相同网络号的 IP 地址之间进行,要与其他 IP 子网的主机进行通信,则必须经过同一网络上的某个路由器或网关。不同网络号的 IP 地址之间不能直接通信,即使物理上连接在一起也不能通信。

路由器有多个端口,用于连接多个 IP 子网。每个端口的 IP 地址的网络号要求与所连接的 IP 子网的网络号相同。不同的端口为不同的网络号,对应不同的 IP 子网,这样才能使各子网中的主机通过自己子网的 IP 地址把要求出去的 IP 分组送到路由器上。

(二)IP 分组转发

当 IP 子网中的一台主机发送 IP 分组给同一 IP 子网的另一台主机时,直接把 IP 分组送到网络上,对方就能收到。而要送给不同 IP 子网上的主机时,则要选择一个能到达目的子网上的路由器,把 IP 分组送给该路由器,由路由器负责把 IP 分组送到目的地。如果没有找到这样的路由器,主机就把 IP 分组送给一个称为"默认网关"(default gateway)的路由器上。默认网关是每台主机上的一个配置参数,是接在同一个网络上的某个路由器端口的 IP 地址。

路由器转发 IP 分组时,只根据 IP 分组目的 IP 地址的网络号部分,选择合适的端口将 IP 分组送出去。同主机一样,路由器也要判定端口所接的是否是目的子网。如果是,就直接把分组通过端口送到网络上;否则,要选择下一个路由器来传送分组。路由器也有其默认网关(即缺省路由),用来传送不知道往哪儿送的 IP 分组。这样,通过路由器把知道如何传送的 IP 分组准确转发出去,不知道的 IP 分组送给"默认网关"路由器,经这样一级级的传送,IP 分组最终将送到目的地,送不到目的地的 IP 分组则被网络丢弃。

目前,TCP/IP 网络全部是通过路由器互联起来的,Internet 就是成千上万个 IP 子网通过路由器互联起来的国际性网络。这种网络可以认为是以路由器为基础的网络,形成了以路由器为节点的"网间网"。在网间网中,路由器不仅负责对 IP 分组的转发,还要负责与别的路由器进行联络,共同确定网间网的路由选择和维护路由表。

(三)路由过程

路由动作包括两项基本内容:寻径和转发。

寻径即判定到达目的地的最佳路径,由路由选择算法来实现。由于涉及不同的路由选择协议和路由选择算法,要相对复杂一些。为了判定最佳路径,路由选择算法必须启动并维护包含路由信息的路由表,其中路由信息依赖于所用的路由选择协议而不尽相同。路由选择算法将收集到的不同信息填入路由表中,根据路由表可将目的网络与下一跳(Nexthop)的关系告诉路由器。路由器间互通信息进行路由更新,更新维护路由表使之准确反映网络的拓扑变化,并由路由器根据量度来决定最佳路径。这就是路由选择协议,如路由信息协议(Routing Information Protocol,RIP)、开放式最短路径优先协议(Open

Shortest Path First,OSPF)和边界网关协议(Border Gateway Protocol,BGP)等。

　　转发即沿寻径好的最佳路径传送信息分组。路由器首先在路由表中查找,判定是否知道如何将分组发送到下一个站点(路由器或主机),如果路由器不知道如何发送分组,通常将该分组丢弃;否则,根据路由表的相应表项将分组发送到下一个站点。如果目的网络直接与路由器连接,路由器就把分组直接送到相应的端口上。

　　路由器的寻址动作与主机类似,区别在于路由器不止一个出口,所以不能通过简单配置一条默认网关解决所有数据包的转发,必须根据目的网络的不同选择对应的出口。

　　每台使用 IP 协议的路由器转发数据包的时候,只是将数据包发送到了下一跳路由设备,而默认使用下一条路由设备来完成对数据包的后续发送。在每台路由设备所保存的路由信息表中,记录了欲到达远端某一网络应该经过的下一跳路由设备的邻接地址。即在路由表中,对每一跳路由最重要的是以下两个信息:目的网络地址和下一跳地址。当数据包到达某台路由器后,路由器将首先根据数据包首部中的目标地址判断其欲到达的网络,然后在路由表中查找,检查是否具有明确的路由条目指示其下一跳应该到达的路由设备,最后依据路由表中的信息将数据包转发到相关的出口进行后续传送。如图 3-92 所示的简单网络环境中,直观表达了路由器的寻址过程。同时可知,为了保障整个网络的联通性,主机 1.1.1.2/24 的默认网关应该设置为 1.1.1.1,主机 2.2.2.2/24 的默认网关为2.2.2.1,路由器 RT1 的路由表如表 3-4 所示,路由器 RT2 的路由表如表 3-5 所示。

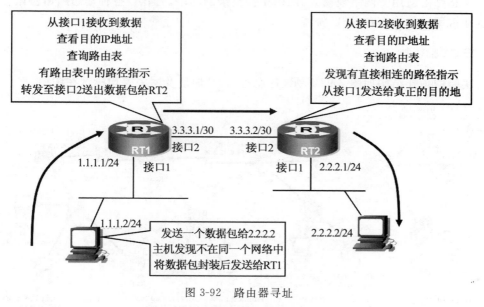

图 3-92　路由器寻址

表 3-4　　　　　　　　　　　　　　**路由器 RT1 的路由表**

目的主机所在的网络	下一跳地址
1.1.1.0	直接交付,接口 1
3.3.3.0	直接交付,接口 2
2.2.2.0	3.3.3.2

表 3-5　　　　　　　　　　　　路由器 RT2 的路由表

目的主机所在的网络	下一跳地址
2.2.2.0	直接交付，接口 1
3.3.3.0	直接交付，接口 2
1.1.1.0	3.3.3.1

(四)路由选择方式

典型的路由选择方式有两种：静态路由和动态路由。

静态路由是在路由器中设置的固定的路由表，由管理员负责创建和维护，除非网络管理员干预，否则静态路由不会发生变化。由于静态路由不能对网络的改变作出反应，一般用于网络规模不大、拓扑结构固定的网络中。静态路由的优点是简单、高效、可靠。在所有的路由中，静态路由优先级最高。当动态路由与静态路由发生冲突时，以静态路由为准。

动态路由是网络中的路由器之间相互通信、传递路由信息、利用收到的路由信息更新路由表的过程，它能实时地适应网络结构的变化。如果路由更新信息表明发生了网络变化，路由选择软件就会重新计算路由，并发出新的路由更新信息。这些信息通过各个网络，引起各路由器重新启动其路由算法，并更新各自的路由表以动态地反映网络拓扑变化。动态路由适用于网络规模大、网络拓扑复杂的网络。当然，各种动态路由协议会不同程度地占用网络带宽和 CPU 资源。

三、实验拓扑

实验的拓扑结构如图 3-93 所示，各设备的 IP 地址及网关等均标示在图中。

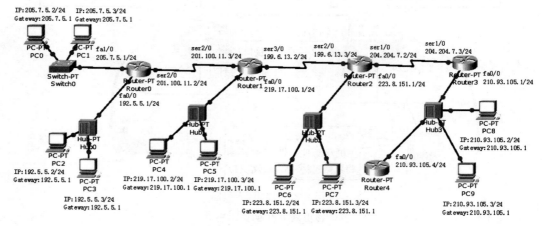

图 3-93　实验拓扑图

四、实验步骤

(1)选择恰当的设备和线路，搭建网络拓扑。

①添加设备。从设备类型选框中找到需要添加设备的类型，然后在同类设备选框中选

择设备型号。其中,计算机为"End Devices"中的"PC-PT",集线器为"Hubs"中的"Hub-PT",交换机为"Switches"中的"Switch-PT",路由器为"Routers"中的"Router-PT"。

②设备连接。根据不同的设备选取相应的连接线,构建网络拓扑。各台计算机与集线器和交换机的快速以太网 FastEthernet 端口之间均采用直通电缆(Copper Straight-Through),各集线器与交换机和路由器的快速以太网 FastEthernet 端口之间也采用直通电缆(Copper Straight-Through),各台路由器之间使用专用的 DTE 串行线(Serial DTE)连接其串行 Serial 端口。

(2)配置各台计算机(PC0~PC9)的 IP 地址和网关信息。按照图 3-93 中标注信息,依次完成每台计算机相关接口 IP 地址、子网掩码和默认网关的配置,配置方法可以参考实验 3.5 中的"配置计算机"部分。

(3)配置各路由器(Router0~Router4)的各项信息。

①配置路由器 Router0 的各端口信息和路由表。

a. 单击 Router0 图标,弹出路由器设备管理窗口,该窗口包括物理外观(Physical)、可视化配置(Config)和命令行界面(CLI)三个选项卡,如图 3-94 所示。"Physical"选项卡中可以看到设备的物理外观,并且可用于添加各种端口模块。Router-PT 从左到右分别为四个端口扩展槽、两个使用光纤连接的 FastEthernet 端口、两个串口、两个使用双绞线连接的 FastEthernet 端口、一个 Console 控制台端口、一个 AUX 辅助端口以及开关。"Config"选项卡提供简单配置路由器的图形化界面,包含全局信息、路由信息和端口信息等,当对某项信息进行配置时,下方会同时显示该操作的相应命令。需要说明的是,这是 Packet Tracer 中的快速配置方式,主要用于简单配置,实际设备中并没有这种方式。"CLI"选项卡是在命令行模式下对路由器进行配置,这种模式与实际路由器的配置环境非常相似。

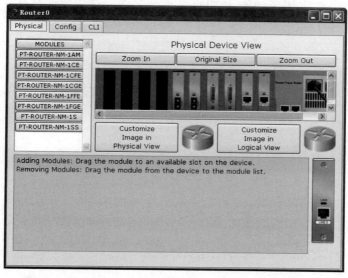

图 3-94　路由器设备管理窗口

单击"CLI"选项卡,即可在命令行模式下对路由器进行配置,此时界面最下端会提示"Press RETURN to get started!",按回车继续。接下来,使用 Cisco 操作命令来配置

Router0。

b. 配置 Router0 各端口 IP 地址和子网掩码,图 3-95 为配置步骤及命令说明。

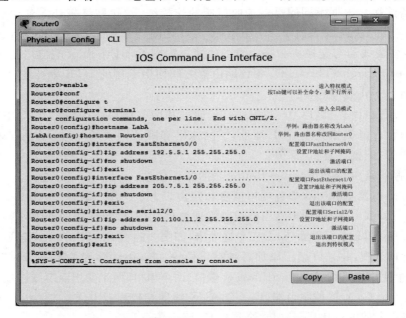

图 3-95　路由器端口配置 IP 地址和子网掩码

值得注意的是,由于 Router0 与 Router1 之间是通过串口直接连接,串口之间相互访问需要设置波特率,所以,接下来要设置 Router0 的 Serial2/0 端口的波特率为 56000,具体命令和步骤如图 3-96 所示,命令说明如图 3-97 所示。使用同样的命令,将其他路由器的串口波特率都设置为 56000。

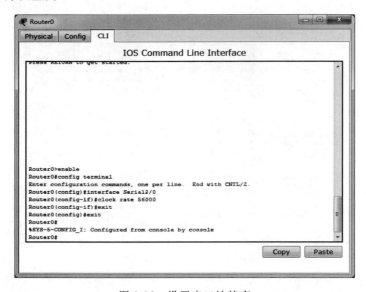

图 3-96　设置串口波特率

```
Router0>enable ·················································· 进入特权模式
Router0#config terminal ······································· 进入全局模式
Enter configuration commands, one per line. End with CNTL/Z.
Router0(config)#interface Serial2/0 ··························· 配置端口Serial 2/0
Router0(config-if)#clock rate 56000 ·························· 端口波特率设置为56000
Router0(config-if)#exit ······································· 退出该端口的配置
Router0(config)#exit
Router0#
%SYS-5-CONFIG_I: Configured from console by console
Router0#
```

图 3-97　配置命令说明

c. 在 Router0 中设置路由表，配置并查看路由表的具体命令和过程，如图 3-98 所示。

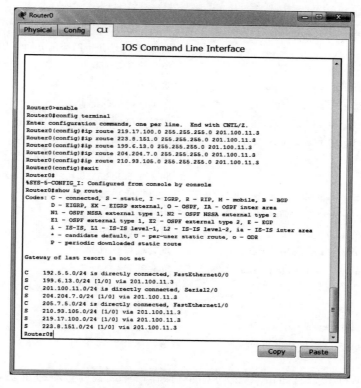

图 3-98　配置并查看 Router0 路由表

备注：

(1)配置静态路由的命令是 ip route。常用的简单语法为：

Router(config)#ip route network-address subnet-mask {ip-address|exit-interface}

其中，参数 network-address 表示要加入路由表的远程网络的目的网络地址；参数 subnet-mask 表示要加入路由表的远程网络的子网掩码；参数 ip-address 一般指下一跳路由器端口的 IP 地址；参数 exit-interface 表示将数据包转发到目的网络时使用的输出接口。

(2)显示并查看路由表的命令为：show ip route。

②配置路由器 Router1 的各端口信息和路由表。

a. 单击 Router1 图标，弹出路由器设备管理窗口，该窗口包括物理外观（Physical）、可视化配置（Config）和命令行界面（CLI）三个选项卡。单击"CLI"选项卡，即可在命令行模式下对路由器进行配置，此时界面最下端会提示"Press RETURN to get started!"，按回车继续。

b. 使用 Cisco 操作命令来配置 Router1 各端口 IP 地址和子网掩码，配置命令如下：

```
Router＞enable                          //进入特权配置模式
Router＃configure terminal              //进入全局配置模式
Router（config）＃interface FastEthernet0/0   //配置端口 FastEthernet0/0
Router（config-if）＃ip address 219.17.100.1 255.255.255.0
                                        //设置 IP 地址和子网掩码分别为 219.17.100.1
                                        //和 255.255.255.0
Router（config-if）＃no shutdown         //激活端口
Router（config-if）＃exit                //退出该端口的配置
Router（config）＃interface Serial2/0    //配置端口 Serial2/0
Router（config-if）＃ip address 201.100.11.3 255.255.255.0
                                        //设置 IP 地址和子网掩码分别为 201.100.11.3
                                        //和 255.255.255.0
Router（config-if）＃clock rate 56000    //将串口波特率设置为 56000
Router（config-if）＃no shutdown         //激活端口
Router（config-if）＃exit                //退出该端口的配置
Router（config）＃interface Serial3/0    //配置端口 Serial3/0
Router（config-if）＃ip address 199.6.13.2 255.255.255.0
                                        //设置 IP 地址和子网掩码分别为 199.6.13.2
                                        //和 255.255.255.0
Router（config-if）＃clock rate 56000    //将串口波特率设置为 56000
Router（config-if）＃no shutdown         //激活端口
```

c. 在 Router1 中设置路由表，使用 Cisco 操作命令配置并查看路由表，具体命令和过程如图 3-99 所示，配置命令如下：

```
Router＞enable                          //进入特权配置模式
Router＃configure terminal              //进入全局配置模式
Router（config）＃ip route 205.7.5.0 255.255.255.0 201.100.11.2
                                        //配置静态路由，目的网络地址为 205.7.5.0，子网
                                        //掩码为 255.255.255.0，下一跳地址为 201.100.11.2
Router（config）＃ip route 192.5.5.0 255.255.255.0 201.100.11.2
                                        //配置静态路由，目的网络地址为 192.5.5.0，子网
                                        //掩码为 255.255.255.0，下一跳地址为 201.100.11.2
Router（config）＃ip route 204.204.7.0 255.255.255.0 199.6.13.3
                                        //配置静态路由，目的网络地址为 204.204.7.0，子网
```

//掩码为 255.255.255.0,下一跳地址为 199.6.13.3

Router（config）# ip route 223.8.151.0 255.255.255.0 199.6.13.3

//配置静态路由,目的网络地址为 223.8.151.0,子网

//掩码为 255.255.255.0,下一跳地址为 199.6.13.3

Router（config）# ip route 210.93.105.0 255.255.255.0 199.6.13.3

//配置静态路由,目的网络地址为 210.93.105.0,子网

//掩码为 255.255.255.0,下一跳地址为 199.6.13.3

Router(config) # exit　　　　　　　　　　　//返回特权配置模式

Router # show ip route　　　　　　　　　　//查看路由表

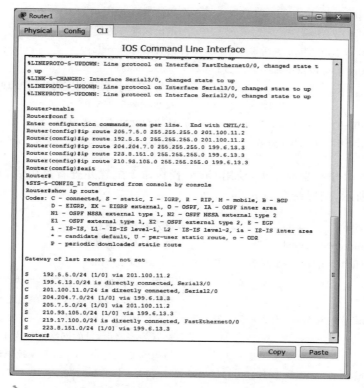

图 3-99　配置并查看 Router1 路由表

③配置路由器 Router2 的各端口信息和路由表。

a. 单击 Router2 图标,弹出路由器设备管理窗口,该窗口包括物理外观(Physical)、可视化配置(Config)和命令行界面(CLI)三个选项卡。单击"CLI"选项卡,即可在命令行模式下对路由器进行配置,此时界面最下端会提示"Press RETURN to get started!",按回车继续。

b. 使用 Cisco 操作命令来配置 Router2 各端口 IP 地址和子网掩码,配置命令如下:

Router>enable　　　　　　　　　　　　　//进入特权配置模式

Router # configure terminal　　　　　　　　//进入全局配置模式

Router（config）# interface FastEthernet0/0　//配置端口 FastEthernet0/0

Router（config-if）＃ip address 223.8.151.1 255.255.255.0

　　　　　　　　　　　　　　　　//设置 IP 地址和子网掩码分别为 223.8.151.1

　　　　　　　　　　　　　　　　//和 255.255.255.0

Router（config-if）＃no shutdown　　　　//激活端口

Router（config-if）＃exit　　　　　　　　//退出该端口的配置

Router（config）＃interface Serial3/0　　//配置端口 Serial3/0

Router（config-if）＃ip address 204.204.7.2 255.255.255.0

　　　　　　　　　　　　　　　　//设置 IP 地址和子网掩码分别为 204.204.7.2

　　　　　　　　　　　　　　　　//和 255.255.255.0

Router（config-if）＃clock rate 56000　　//将串口波特率设置为 56000

Router（config-if）＃no shutdown　　　　//激活端口

Router（config-if）＃exit　　　　　　　　//退出该端口的配置

Router（config）＃interface Serial2/0　　//配置端口 Serial2/0

Router（config-if）＃ip address 199.6.13.3 255.255.255.0

　　　　　　　　　　　　　　　　//设置 IP 地址和子网掩码分别为 199.6.13.3

　　　　　　　　　　　　　　　　//和 255.255.255.0

Router（config-if）＃clock rate 56000　　//将串口波特率设置为 56000

Router（config-if）＃no shutdown　　　　//激活端口

　　c. 在 Router2 中设置路由表,使用 Cisco 操作命令配置并查看路由表,具体命令和过程如图 3-100 所示,配置命令如下:

Router＞enable　　　　　　　　　　//进入特权配置模式

Router＃configure terminal　　　　　//进入全局配置模式

Router（config）＃ ip route 205.7.5.0 255.255.255.0 199.6.13.2

　　　　　　　　　　　　　　　　//配置静态路由,目的网络地址为 205.7.5.0,子网

　　　　　　　　　　　　　　　　//掩码为 255.255.255.0,下一跳地址为 199.6.13.2

Router（config）＃ ip route 192.5.5.0 255.255.255.0 199.6.13.2

　　　　　　　　　　　　　　　　//配置静态路由,目的网络地址为 192.5.5.0,子网

　　　　　　　　　　　　　　　　//掩码为 255.255.255.0,下一跳地址为 199.6.13.2

Router（config）＃ ip route 201.100.11.0 255.255.255.0 199.6.13.2

　　　　　　　　　　　　　　　　//配置静态路由,目的网络地址为 201.100.11.0,子网

　　　　　　　　　　　　　　　　//掩码为 255.255.255.0,下一跳地址为 199.6.13.2

Router（config）＃ ip route 210.93.105.0 255.255.255.0 204.204.7.3

　　　　　　　　　　　　　　　　//配置静态路由,目的网络地址为 210.93.105.0,子网

　　　　　　　　　　　　　　　　//掩码为 255.255.255.0,下一跳地址为 204.204.7.3

Router（config）＃ ip route 219.17.100.0 255.255.255.0 199.6.13.2

　　　　　　　　　　　　　　　　//配置静态路由,目的网络地址为 219.17.100.0,子网

　　　　　　　　　　　　　　　　//掩码为 255.255.255.0,下一跳地址为 199.6.13.2

Router（config）＃exit　　　　　　　//返回特权配置模式

Router＃show ip route　　　　　　　//查看路由表

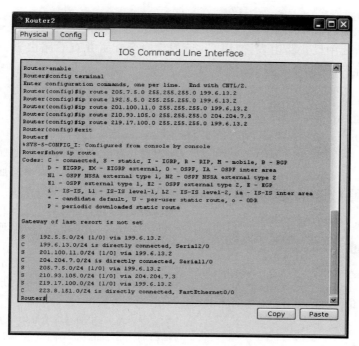

图 3-100　配置并查看 Router2 路由表

④配置路由器 Router3 的各端口信息和路由表。

a. 单击 Router3 图标，弹出路由器设备管理窗口，该窗口包括物理外观（Physical）、可视化配置（Config）和 CLI（命令行界面）三个选项卡。单击"CLI"选项卡，即可在命令行模式下对路由器进行配置，此时界面最下端会提示"Press RETURN to get started!"，按回车继续。

b. 使用 Cisco 操作命令来配置 Router3 各端口 IP 地址和子网掩码，配置命令如下：

Router＞enable	//进入特权配置模式
Router＃configure terminal	//进入全局配置模式
Router（config）＃interface FastEthernet0/0	//配置端口 FastEthernet0/0
Router（config-if）＃ip address 210.93.105.1 255.255.255.0	
	//设置 IP 地址和子网掩码分别为 210.93.105.1
	//和 255.255.255.0
Router（config-if）＃no shutdown	//激活端口
Router（config-if）＃exit	//退出该端口的配置
Router（config）＃interface Serial2/0	//配置端口 Serial2/0
Router（config-if）＃ip address 204.204.7.3 255.255.255.0	
	//设置 IP 地址和子网掩码分别为 204.204.7.3
	//和 255.255.255.0
Router（config-if）＃clock rate 56000	//将串口波特率设置为 56000
Router（config-if）＃no shutdown	//激活端口

Router（config-if）＃exit   //退出该端口的配置

c. 在 Router3 中设置路由表,使用 Cisco 操作命令配置并查看路由表,具体命令和过程如图 3-101 所示,配置命令如下:

Router＞enable   //进入特权配置模式
Router＃configure terminal   //进入全局配置模式
Router（config）＃ ip route 205.7.5.0 255.255.255.0 204.204.7.2
                                    //配置静态路由,目的网络地址为 205.7.5.0,子网
                                    //掩码为 255.255.255.0,下一跳地址为 204.204.7.2
Router（config）＃ ip route 192.5.5.0 255.255.255.0 204.204.7.2
                                    //配置静态路由,目的网络地址为 192.5.5.0,子网
                                    //掩码为 255.255.255.0,下一跳地址为 204.204.7.2
Router（config）＃ ip route 201.100.11.0 255.255.255.0 204.204.7.2
                                    //配置静态路由,目的网络地址为 201.100.11.0,子网
                                    //掩码为 255.255.255.0,下一跳地址为 204.204.7.2
Router（config）＃ ip route 219.17.100.0 255.255.255.0 204.204.7.2
                                    //配置静态路由,目的网络地址为 219.17.100.0,子网
                                    //掩码为 255.255.255.0,下一跳地址为 204.204.7.2
Router（config）＃ ip route 199.6.13.0 255.255.255.0 204.204.7.2
                                    //配置静态路由,目的网络地址为 199.6.13.0,子网
                                    //掩码为 255.255.255.0,下一跳地址为 204.204.7.2
Router（config）＃ ip route 223.8.15.0 255.255.255.0 204.204.7.2
                                    //配置静态路由,目的网络地址为 223.8.15.0,子网
                                    //掩码为 255.255.255.0,下一跳地址为 204.204.7.2
Router（config）＃exit   //返回特权配置模式
Router＃show ip route   //查看路由表

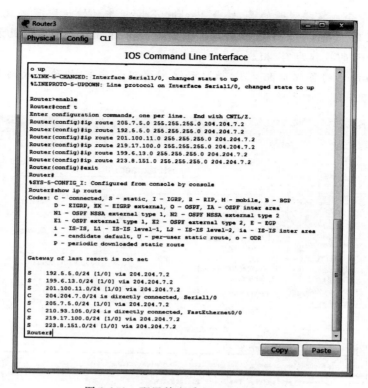

图 3-101　配置并查看 Router3 路由表

⑤配置路由器 Router4 的端口信息。由图 3-93 可见，路由器 Router4 位于网络边缘，所以仅配置其端口 IP 地址和子网掩码，并不配置路由表。

a. 单击 Router4 图标，弹出路由器设备管理窗口，该窗口包括物理外观（Physical）、可视化配置（Config）和命令行界面（CLI）三个选项卡。单击"CLI"选项卡，即可在命令行模式下对路由器进行配置，此时界面最下端会提示"Press RETURN to get started!"，按回车继续。

b. 使用 Cisco 操作命令来配置 Router4 端口 IP 地址和子网掩码，配置命令如下：

```
Router＞enable                                 //进入特权配置模式
Router＃configure terminal                      //进入全局配置模式
Router（config）＃interface FastEthernet0/0       //配置端口 FastEthernet0/0
Router（config-if）＃ip address 210.93.105.4 255.255.255.0
                                               //设置 IP 地址和子网掩码分别为 210.93.105.4
                                               //和 255.255.255.0
Router（config-if）＃no shutdown                  //激活端口
Router（config-if）＃exit                          //退出该端口的配置
```

备注：在 Packet Tracer 中，路由器"Config"选项卡提供了简单配置路由器的图形化界面，包含全局信息、路由信息和端口信息等，当对某项信息进行配置时，下方会同时显示该操作的相应命令。需要说明的是,这是 Packet Tracer 中的快速配置方式,主要用于简单配置,实际设备中并没有这种方式。对路由器配置时,采用这种简单配置方法也可以实现,以对 Router0 的操作为例,相应方法如下:

(1)为 Router0 的各端口配置 IP 地址和子网掩码。首先,快速以太网 FastEthernet 端口的配置步骤如图 3-102 所示。

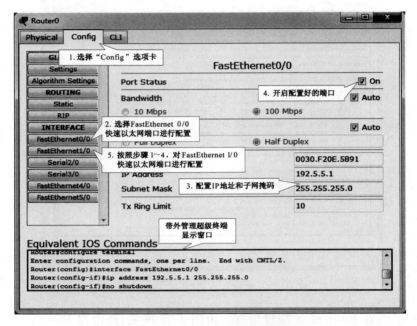

图 3-102 快速以太网端口的配置步骤

其次,广域网同步串口 Serial2/0 的配置方法如图 3-103 所示。

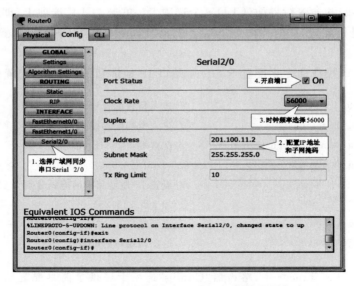

图 3-103 广域网同步串口 Serial2/0 的配置方法

（2）在 Router0 中配置静态路由表，具体步骤如图 3-104 所示。

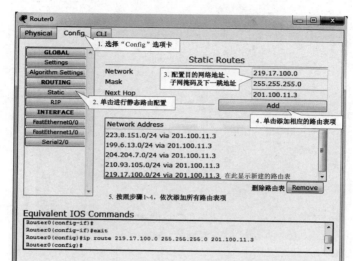

图 3-104　配置静态路由表

（4）结果验证。

①PC0 ping PC1：单击计算机 PC0 图标，弹出设备配置管理窗口。单击"Desktop"选项卡，然后选择"Command Prompt"进入命令提示符界面，输入 ping 205.7.5.3，结果如图 3-105 所示。

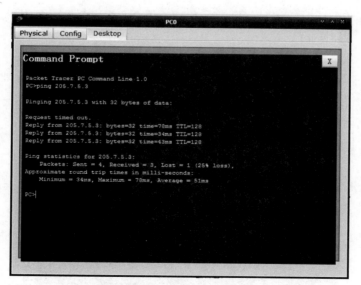

图 3-105　PC0 ping PC1

②PC0 ping PC2：在 PC0 的命令提示符界面中，输入 ping 192.5.5.2，结果如图 3-106 所示。

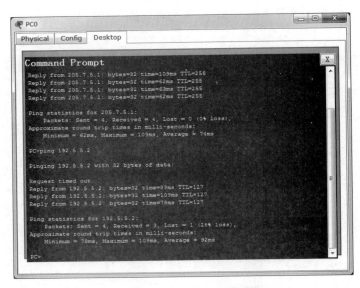

图 3-106　PC0 ping PC2

备注:如图 3-106 所示,PC0 ping PC2 可以 ping 通,但是第一次 ping 没有回应。因为当第一次 PC0 ping PC2 时,PC0 并不知道 PC2 所在的位置。ICMP 数据包首先发给 PC2 所在的网关,然后网关对下面的机器进行广播,PC2 收到广播之后回复给网关,告知网关 PC2 所在的位置。网关再把结果反馈给 PC0,然后当下一次 ping 的时候 PC0 就可以直接和 PC2 对话。

③PC0 ping Router0:FastEthernet0/0:在 PC0 的命令提示符界面中,输入 192.5.5.1,如图 3-107 所示。

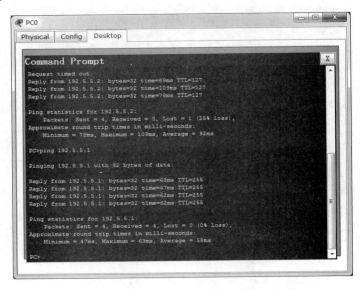

图 3-107　PC0 ping Router0:FastEthernet0/0

④PC0 ping PC8：在 PC0 的命令提示符界面中，输入 ping 210.93.105.2，结果如图 3-108所示。

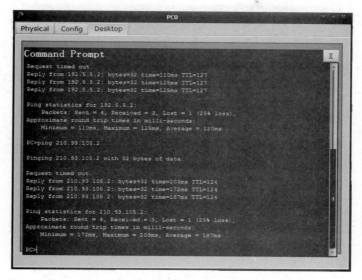

图 3-108　PC0 ping PC8

⑤PC0 ping Router0：Serial2/0：在 PC0 的命令提示符界面中，输入 ping 201.100.11.2，结果如图 3-109 所示。

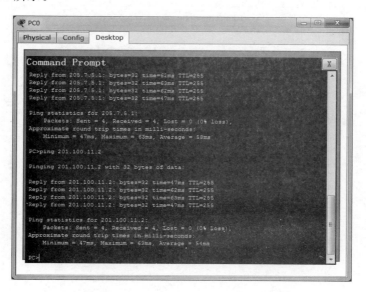

图 3-109　PC0 ping Router0：Serial2/0

⑥PC0 ping Router1：Serial2/0：在 PC0 的命令提示符界面中，输入 ping 201.100.11.3，结果如图 3-110 所示。

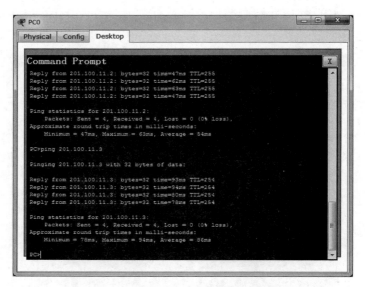

图 3-110　PC0 ping Router1:Serial2/0

⑦Router0 ping Router1:Serial2/0:单击 Router0 图标,弹出设备管理窗口,选择 "CLI"选项卡,在命令行模式下输入 ping 201.100.11.3,结果如图 3-111 所示。

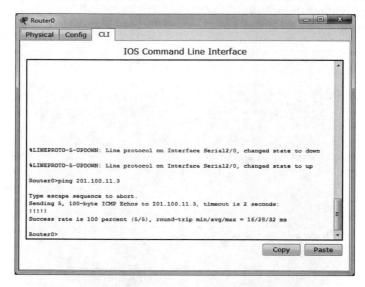

图 3-111　Router0 ping Router1:Serial2/0

实验 3.7　基于 RIP 的动态路由配置实验

一、实验目的

(1)了解 RIP 路由协议的工作原理。

(2)掌握在命令行模式下配置路由器的方法。

(3)掌握使用用户界面的特性配置路由器的方法。

(4)熟悉测试网络联通性的典型方法。

二、实验原理

(一)动态路由协议

路由器的功能有两个:数据转发和路径选择。数据转发相对比较容易实现,如何确定到达目标网络的最优路径是一个比较困难的问题。所以,路径选择成为路由器的主要功能之一。路由器根据不同的路由协议选择路径。路由协议有两种:静态路由和动态路由。在小型网络中,一般使用静态路由,管理员手工设置路由器的路由表,即数据包的转发路径。但是,当网络规模不断扩大,网络中路由器数量越来越大,手工设置路由表的工作量就会变得越来越大,并且如果网络出现了故障,路由表不会动态变化,则有可能使得整个网络都陷入瘫痪。动态路由协议的出现解决了这些问题,动态路由也分为两种:距离矢量协议和链路状态协议,其具有代表性的协议分别是路由信息协议(Routing Information Protocol,RIP)和开放式最短路径优先协议(Open Shortest Path First,OSPF)。

(二)RIP 协议

在国家性网络(如因特网)中,拥有很多用于整个网络的路由选择协议。作为形成网络的每一个自治系统(Autonomous System,AS),都有属于自己的路由选择技术,不同的自治系统,路由选择技术也不同。

RIP 协议是一种应用较早、使用较普遍的自治系统内部路由协议。目前,RIP 共有三个版本:RIPv1、RIPv2 和 RIPng。其中,RIPv1 和 RIPv2 是用在 IPv4 的网络环境里,RIPng 是用在 IPv6 的网络环境里。

RIP 是一种分布式的基于距离向量的路由选择协议,是因特网的标准协议,其最大的优点就是简单。RIP 协议要求网络中每一个路由器都要维护从它自己到其他每一个目的网络的距离记录。RIP 协议将“距离”定义为:从一个路由器到直接连接的网络的距离定义为 1,从一个路由器到非直接连接的网络的距离定义为每经过一个路由器则距离加 1。“距离”也称为“跳数”。RIP 允许一条路径最多只能包含 15 个路由器,因此,距离等于 16 时即为不可达。可见,RIP 协议只适用于小型互联网。

简单来讲,RIP 具有三个特点:①仅和相邻的路由器交换信息,如果两个路由器之间的通信不经过另外一个路由器,那么,这两个路由器是相邻的。RIP 协议规定,不相邻的路由器之间不交换信息。②路由器交换的信息是当前本路由器所知道的全部信息,即自己的整张路由表。③按固定时间交换路由信息（如每隔 30 秒），然后路由器根据收到的路由信息更新路由表，当然，也可进行相应配置使其触发更新。

以如图 3-112 所示的网络为例，在一个运行 RIP 协议的网络中，网络中的路由器每隔 30 秒用广播的形式向相邻的路由器发送它们的整张路由表。路由器也在从相邻路由器接收到的信息的基础上建立自己的路由表，然后传给其他路由器。

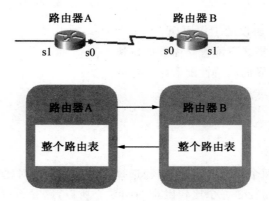

图 3-112　路由器 A 与路由器 B 之间的交互

（1）初始化过程。RIP 协议初始化的时刻，首先会生成自己的直联路由，即与自己直接连接的网络状况，建立直联的路由表，如图 3-113 所示。

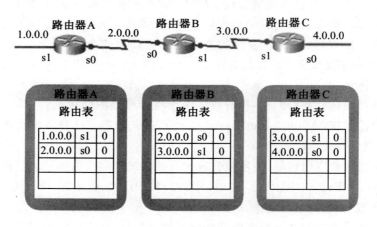

图 3-113　路由器互联及路由表信息

自己的直联路由表建好之后，相邻路由器之间会相互交换信息。如路由器 A 会告诉路由器 B"从我的 s1 端口可以到达 1.0.0.0 网络，花费为 0，通过 s0 端口能到 2.0.0.0 网络，花费为 0"，路由器 B 原来不知道到 1.0.0.0 网络怎么走，现在通过动态路由协议可以学习到，从而添加到自己的路由表中，即"从 s0 端口学习到的，在路由器 A 的基础上花费加上 1，而把路由器 A 的地址当作下一跳的地址"，路由器 B 认为从路由器 A 可以到达目标网络，至于路由器 A 怎样得到的信息，路由器 B 并不需要关注。

（2）这样，经过一轮交换信息之后，路由表变化情况如图 3-114 所示。

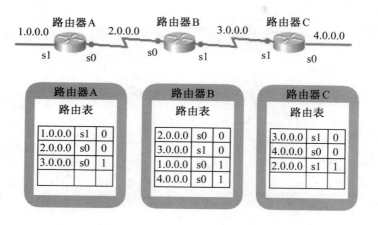

图 3-114　路由器互联及路由表信息

（3）再经过一轮交换，最终所有路由器都了解到整个网络的情况，如图 3-115 所示。

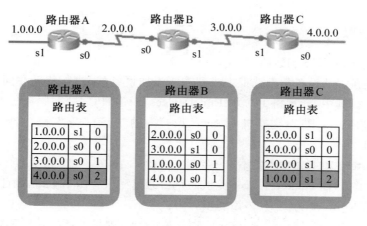

图 3-115　路由器互联和路由表信息

三、实验拓扑

实验的拓扑结构如图 3-116 所示，各设备接口的 IP 地址及网关等均标示在图中。

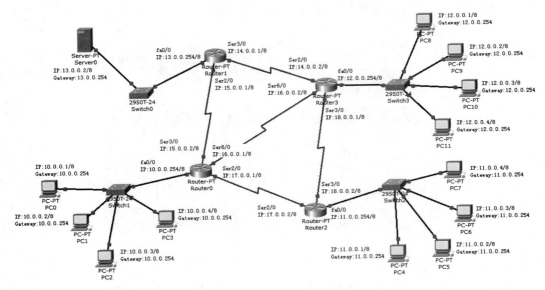

图 3-116　实验拓扑图

四、实验步骤

（1）选择恰当的设备和线路，搭建网络拓扑。

①添加设备。从设备类型选框中找到需要添加设备的类型，然后在同类设备选框中选择设备型号。其中，计算机 PC 为"End Devices"中的"PC-PT"，服务器 Server 为"End Devices"中的"Server-PT"，交换机为"Switches"中的"2950T-24"，路由器为"Routers"中的"Router-PT"。

②为 Router0 和 Router3 各添加一个串口模块。由图 3-116 可见，Router0 和 Router3 需要三个串口，而 Packet Tracer 提供的路由器模型只有两个串口，因此需要添加一个串口模块。以 Router0 为例，具体添加步骤为：

在工作区添加一个路由器 Router0，单击 Router0，弹出设备配置管理窗口，路由器面板如图 3-117 所示。

图 3-117　路由器面板外观

首先，关掉电源。然后如图 3-118 所示，在左边的模块栏内选择矩形标示的选项"PT-ROUTER-NM-1S"，从右下角的图标处拖到路由器的扩展槽里。最后，打开开关，接通电源。

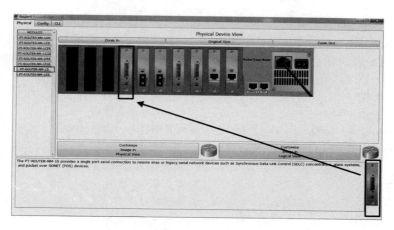

图 3-118 添加一个串口模块

③设备连接。根据不同的设备选取相应的连接线,构建网络拓扑。各台计算机、服务器与交换机的快速以太网 FastEthernet 端口之间均采用直通电缆(Copper Straight-Through),各交换机与路由器的快速以太网 FastEthernet 端口之间也采用直通电缆(Copper Straight-Through),各台路由器之间使用专用的 DTE 串行线(Serial DTE)连接其串行 Serial 端口。

(2)配置各台计算机(PC0～PC11)及服务器(Server0)的 IP 地址和网关信息。按照图 3-116 中标注信息,依次完成每台计算机和服务器相关接口 IP 地址、子网掩码和默认网关的配置,配置方法可以参考实验 3.5 中的"配置计算机"部分。

(3)配置各路由器(Router0～Router3)的各端口信息和路由表。

①配置路由器 Router0 的端口信息和路由表。

a. 单击 Router0 图标,弹出路由器设备管理窗口,该窗口包括物理外观(Physical)、可视化配置(Config)和命令行界面(CLI)三个选项卡,如图 3-119 所示。

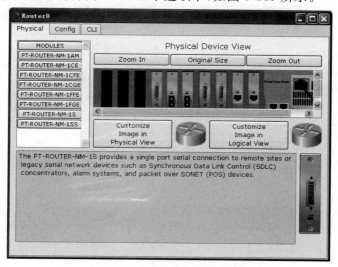

图 3-119 路由器设备管理窗口

b. 单击"CLI"选项卡,即可在命令行模式下对路由器进行配置,此时界面最下端会提示"Press RETURN to get started!",按回车继续。接下来,使用 Cisco 操作命令来配置 Router0,端口配置具体命令和过程如图 3-120 所示,依次输入相应的命令如下:

Router＞enable	//进入特权配置模式
Router# configure terminal	//进入全局配置模式
Router(config)# interface FastEthernet0/0	//配置端口 FastEthernet0/0
Router(config-if)# ip address 10.0.0.254 255.0.0.0	
	//设置 IP 地址和子网掩码分别为 10.0.0.254
	//和 255.0.0.0
Router(config-if)# no shutdown	//激活端口
Router(config-if)# exit	//退出该端口的配置
Router(config)# interface Serial2/0	//配置端口 Serial2/0
Router(config-if)# ip address 17.0.0.1 255.0.0.0	
	//设置 IP 地址和子网掩码分别为 17.0.0.1
	//和 255.0.0.0
Router (config-if)# clock rate 56000	//将串口波特率设置为 56000
Router (config-if)# no shutdown	//激活端口
Router (config-if)# exit	//退出该端口的配置
Router (config)# interface Serial3/0	//配置端口 Serial3/0
Router (config-if)# ip address 15.0.0.2 255.0.0.0	
	//设置 IP 地址和子网掩码分别为 15.0.0.2
	//和 255.0.0.0
Router (config-if)# clock rate 56000	//将串口波特率设置为 56000
Router (config-if)# no shutdown	//激活端口
Router (config)# interface Serial6/0	//配置端口 Serial6/0
Router (config-if)# ip address 16.0.0.1 255.0.0.0	
	//设置 IP 地址和子网掩码分别为 16.0.0.1
	//和 255.0.0.0
Router (config-if)# clock rate 56000	//将串口波特率设置为 56000
Router (config-if)# no shutdown	//激活端口

图 3-120　　Router0 端口配置过程

　　c. 用 RIP 动态路由配置路由器，Router0 的路由配置如图 3-121 所示，依次输入相应的命令如下：

Router＞enable	//进入特权配置模式
Router # config terminal	//进入全局配置模式
Router(config) # router RIP	//激活 RIP 协议
Router(config-router) # network 10. 0. 0. 0	//发布直联网段 10. 0. 0. 0
Router(config-router) # network 15. 0. 0. 0	//发布直联网段 15. 0. 0. 0
Router(config-router) # network 16. 0. 0. 0	//发布直联网段 16. 0. 0. 0
Router(config-router) # network 17. 0. 0. 0	//发布直联网段 17. 0. 0. 0
Router(config-router)exit	//退出路由配置
Router(config) # exit	

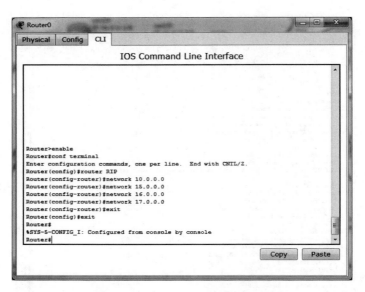

图 3-121　Router0 的路由配置命令

②按照步骤①中对于路由器 Router0 的配置方法，配置路由器 Router1 的端口和路由。

a. Router1 的端口配置命令依次为：

Router＞enable　　　　　　　　　　　　//进入特权配置模式

Router＃configure terminal　　　　　　　//进入全局配置模式

Router(config)＃interface FastEthernet0/0　//配置端口 FastEthernet0/0

Router(config-if)＃ip address 13.0.0.254 255.0.0.0

　　　　　　　　　　　　　　　　　　//设置 IP 地址和子网掩码分别为 13.0.0.254

　　　　　　　　　　　　　　　　　　//和 255.0.0.0

Router(config-if)＃no shutdown　　　　　//激活端口

Router(config-if)＃exit　　　　　　　　　//退出该端口的配置

Router(config)＃interface Serial2/0　　　　//配置端口 Serial2/0

Router(config-if)＃ip address 15.0.0.1 255.0.0.0

　　　　　　　　　　　　　　　　　　//设置 IP 地址和子网掩码分别为 15.0.0.1

　　　　　　　　　　　　　　　　　　//和 255.0.0.0

Router (config-if)＃clock rate 56000　　　 //将串口波特率设置为 56000

Router (config-if)＃no shutdown　　　　　//激活端口

Router (config-if)＃exit　　　　　　　　　//退出该端口的配置

Router (config)＃interface Serial3/0　　　　//配置端口 Serial3/0

Router (config-if)＃ip address 14.0.0.1 255.0.0.0

　　　　　　　　　　　　　　　　　　//设置 IP 地址和子网掩码分别为 14.0.0.1

　　　　　　　　　　　　　　　　　　//和 255.0.0.0

Router (config-if)＃clock rate 56000　　　 //将串口波特率设置为 56000

Router (config-if)＃no shutdown　　　　　//激活端口

b. Router1 的路由配置命令如图 3-122 所示。

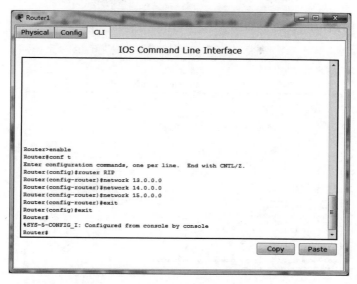

图 3-122　Router1 的路由配置命令

③按照步骤①中对于路由器 Router0 的配置方法,配置路由器 Router2 的端口和路由。

a. Router2 的端口配置命令依次为:

Router＞enable　　　　　　　　　　　　//进入特权配置模式
Router # configure terminal　　　　　　//进入全局配置模式
Router(config) # interface FastEthernet0/0　//配置端口 FastEthernet0/0
Router(config-if) # ip address 11.0.0.254 255.0.0.0
　　　　　　　　　　　　　　　　　　//设置 IP 地址和子网掩码分别为 11.0.0.254
　　　　　　　　　　　　　　　　　　//和 255.0.0.0
Router(config-if) # no shutdown　　　　//激活端口
Router(config-if) # exit　　　　　　　　//退出该端口的配置
Router(config) # interface Serial2/0　　//配置端口 Serial2/0
Router(config-if) # ip address 17.0.0.1 255.0.0.0
　　　　　　　　　　　　　　　　　　//设置 IP 地址和子网掩码分别为 17.0.0.1
　　　　　　　　　　　　　　　　　　//和 255.0.0.0
Router (config-if) # clock rate 56000　　//将串口波特率设置为 56000
Router (config-if) # no shutdown　　　　//激活端口
Router (config-if) # exit　　　　　　　　//退出该端口的配置
Router (config) # interface Serial3/0　　//配置端口 Serial3/0
Router (config-if) # ip address 18.0.0.2 255.0.0.0
　　　　　　　　　　　　　　　　　　//设置 IP 地址和子网掩码分别为 18.0.0.2
　　　　　　　　　　　　　　　　　　//和 255.0.0.0
Router (config-if) # clock rate 56000　　//将串口波特率设置为 56000

Router（config-if）♯ no shutdown　　　　　　//激活端口

b. Router2 的路由配置命令如图 3-123 所示。

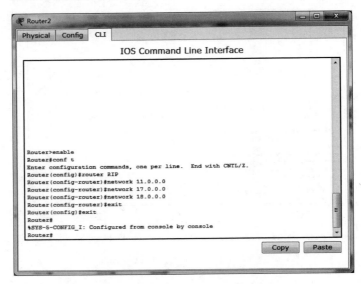

图 3-123　　Router2 的路由配置命令

④按照步骤①中对于路由器 Router0 的配置方法，配置路由器 Router3 的端口和路由。

a. Router3 的端口配置命令依次为：

Router＞enable　　　　　　　　　　　　//进入特权配置模式

Router♯ configure terminal　　　　　　　　//进入全局配置模式

Router(config)♯ interface FastEthernet0/0　　//配置端口 FastEthernet0/0

Router(config-if)♯ ip address 12.0.0.254 255.0.0.0

　　　　　　　　　　　　　　　　　　//设置 IP 地址和子网掩码分别为 12.0.0.254

　　　　　　　　　　　　　　　　　　//和 255.0.0.0

Router(config-if)♯ no shutdown　　　　　　//激活端口

Router(config-if)♯ exit　　　　　　　　　　//退出该端口的配置

Router(config)♯ interface Serial2/0　　　　　//配置端口 Serial2/0

Router(config-if)♯ ip address 14.0.0.2 255.0.0.0

　　　　　　　　　　　　　　　　　　//设置 IP 地址和子网掩码分别为 14.0.0.2

　　　　　　　　　　　　　　　　　　//和 255.0.0.0

Router（config-if）♯ clock rate 56000　　　　//将串口波特率设置为 56000

Router（config-if）♯ no shutdown　　　　　　//激活端口

Router（config-if）♯ exit　　　　　　　　　　//退出该端口的配置

Router（config）♯ interface Serial3/0　　　　　//配置端口 Serial3/0

Router（config-if）♯ ip address 18.0.0.1 255.0.0.0

　　　　　　　　　　　　　　　　　　//设置 IP 地址和子网掩码分别为 18.0.0.1

　　　　　　　　　　　　　　　　　　　　//和 255.0.0.0

Router（config-if）# clock rate 56000　　　//将串口波特率设置为 56000

Router（config-if）# no shutdown　　　　　//激活端口

Router（config-if）# exit　　　　　　　　//退出该端口的配置

Router（config）# interface Serial6/0　　　//配置端口 Serial6/0

Router（config-if）# ip address 16.0.0.2 255.0.0.0

　　　　　　　　　　　　　　　　　　　　//设置 IP 地址和子网掩码分别为 16.0.0.2

　　　　　　　　　　　　　　　　　　　　//和 255.0.0.0

Router（config-if）# clock rate 56000　　　//将串口波特率设置为 56000

Router（config-if）# no shutdown　　　　　//激活端口

b. Router3 的路由配置命令如图 3-124 所示。

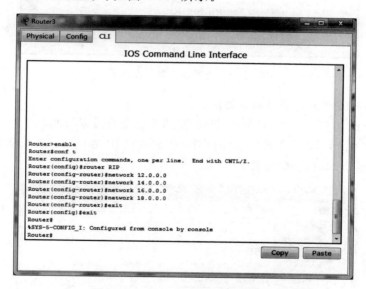

图 3-124　Router3 的路由配置命令

　　⑤配置完毕之后，用 show ip route 命令查看各台路由器的路由表。以路由器 Router2 的路由表为例，其路由表如图 3-125 所示。由图可知，Router2 已经学习到周围网络的路由信息，可以让与 Router2 连接的子网访问其他网络了。

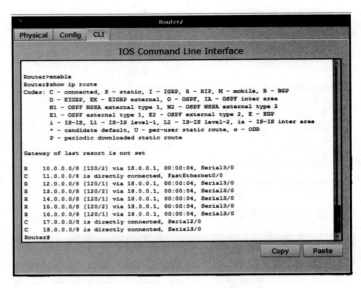

图 3-125　查看路由器的路由表

（4）采用不种方式测试网络的联通性。

①在 Server0 上打开 HTTP 服务，查看从 PC7 上是否可以访问。

如图 3-126 所示，HTTP 服务已经打开，服务器的 IP 地址为：13.0.0.2。然后打开 PC7，如图 3-127 所示，打开浏览器。

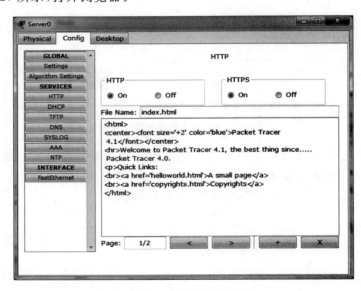

图 3-126　打开 HTTP 服务

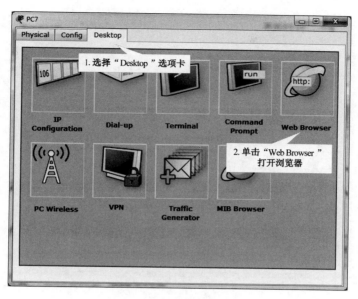

图 3-127　打开浏览器

　　如图 3-128 所示,在浏览器地址栏中输入服务器的地址,查看服务器中的网页。由图可验证,PC7 可以通过多台路由器连接的互联网络访问 Server0,即可证明 PC7 到 Server0 是联通的。

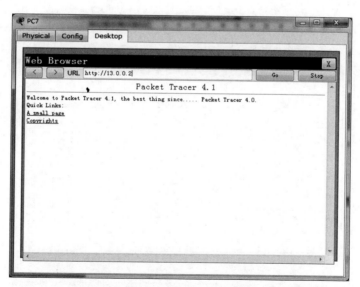

图 3-128　访问服务器网页

　　②用 ping 命令检测网络联通性。

　　a. PC2 ping PC8:打开 PC2 的命令提示符界面,输入命令 ping 12.0.0.1,结果如图 3-129所示。

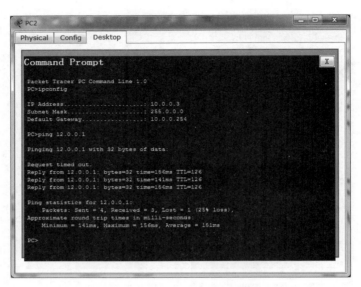

图 3-129　PC2 ping PC8

思考：如图 3-129 所示，在 PC2 ping PC8 的结果中，为什么第一次为"Request timed out"？

b. Router1 ping PC11：打开 Router1 的"CLI"选项卡，然后在命令行模式下输入 ping 10.0.0.4，结果如图 3-130 所示。

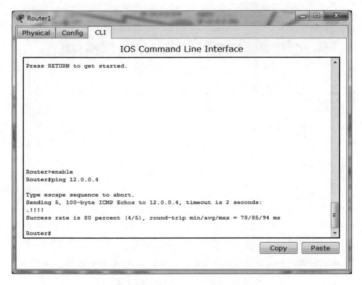

图 3-130　Router1 ping PC11

c. Router3 ping PC5：打开路由器 Router3 的"CLI"选项卡，在命令行模式下输入 ping 11.0.0.2，结果如图 3-131 所示。

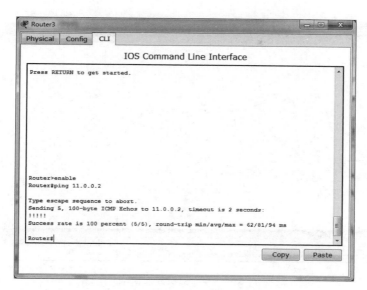

图 3-131　Router3 ping PC5

由结果可知,各个设备之间已经相互联通了。

③通过 Simulation 的数据包来形象展示联通的情况。以从 PC0 到 PC10 为例,具体步骤如下:

首先按照如图 3-132 所示的方法,添加数据包。

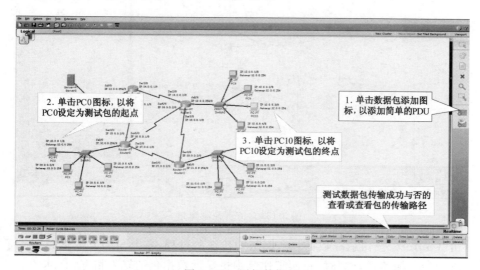

图 3-132　添加数据包

为了能够模拟和显示数据包在网络中的传输路径,单击右下角的"实时/仿真栏"按钮,将界面切换至模拟模式,如图 3-133 所示。

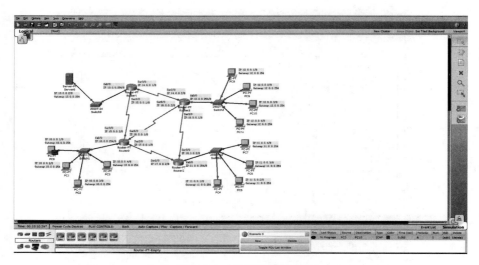

图 3-133　切换界面模式

　　然后在用户数据包管理窗口中单击"Event List"选项卡,弹出仿真控制窗口,如图 3-134所示,该窗口可以显示加入到网络中的数据包的事件列表。

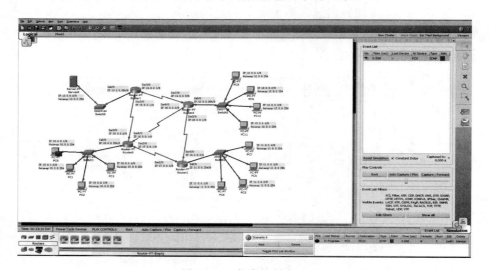

图 3-134　仿真控制窗口

　　单击"Capture"按钮追踪数据包在网络中传输的过程,右上角的方框里面记录了数据包在网络中的传输路径。同时,左侧工作区中也显示数据包的转发情况,具体的追踪过程如图 3-135 所示。

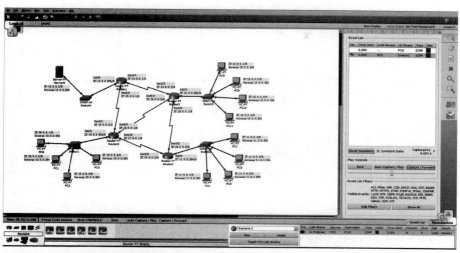

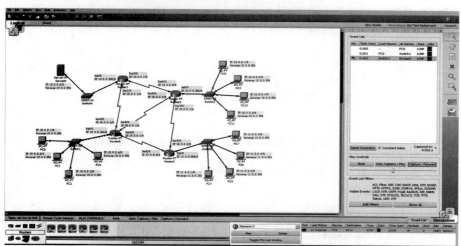

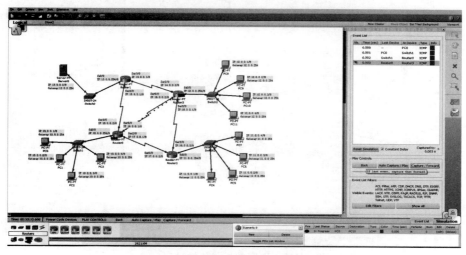

图 3-135 追踪数据包传输过程(一)

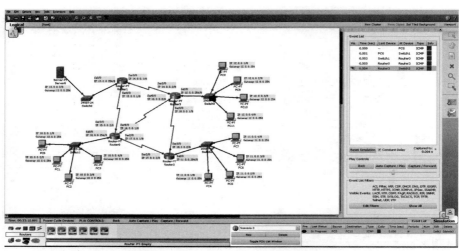

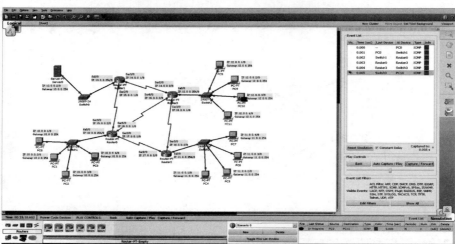

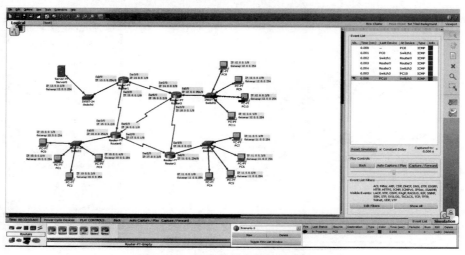

图 3-135　追踪数据包传输过程(二)

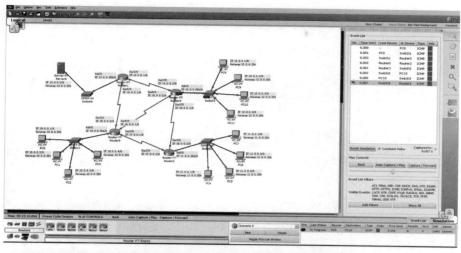

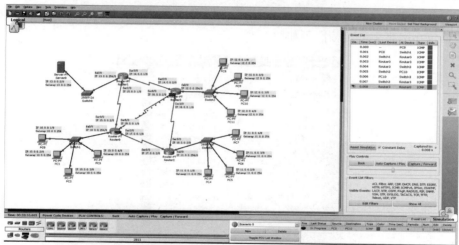

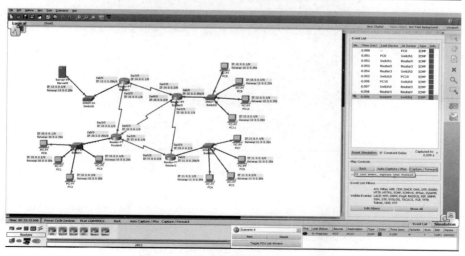

图 3-135 追踪数据包传输过程(三)

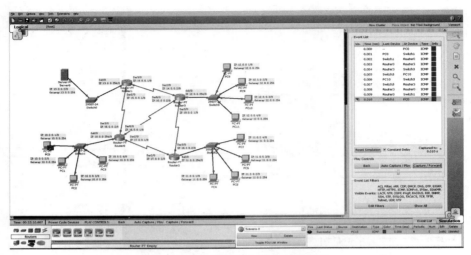

图 3-135　追踪数据包传输过程（四）

数据包在网络中的传输路径如图 3-136 所示。

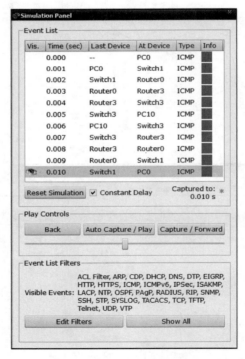

图 3-136　数据包传输路径记录

第4章 网络应用原理

　　计算机网络的最终目标就是能够为用户提供丰富多彩的网络服务,本章旨在介绍如何在已经搭建好的计算机网络上为用户提供各种服务。

　　网络服务模式是指网络上计算机处理信息的方式。根据信息处理过程中各主机之间的协作方式,通常可以划分为两大类:客户机/服务器(Client/Server,C/S)模式和对等网(Peer-to-Peer,P2P)模式。

　　客户机/服务器(C/S)网络模式是一种集中管理与开放式、协作式处理并存的网络工作模式。客户机(Client)和服务器(Server)都是指通信中所涉及的两个应用进程。如图4-1所示,客户机是服务请求方,通常客户机程序运行在 PC 或工作站上;服务器是服务提供方。在此模式工作过程中,由客户机发出服务请求给服务器,服务器接收请求后,根据其请求的内容执行相应的服务,并将执行的结果返回给客户机。

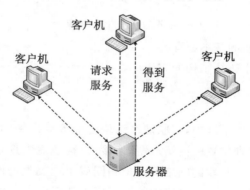

图 4-1　客户/服务器模式

　　对等网(P2P)是指两个主机在通信时并不区分哪一个是服务请求方还是服务提供方。对等网模型如图 4-2 所示,不需要专门的服务器,也不需要网络操作系统,每台计算机都可以提供服务,也都可以获取服务,只要这些计算机之间支持相同的网络协议即可。

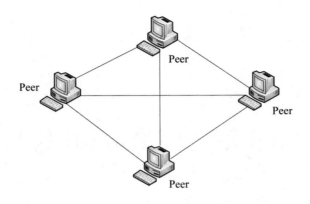

图 4-2　对等网模式

网络服务主要包括基础服务和应用服务。基础服务是为网络的正常运行提供支持，包括 DNS 等，而应用服务则是为用户提供各种网络上的应用，包括 Web 服务、FTP 服务等。

实验 4.1　网络组网及设备配置应用

一、实验目的

(1)掌握实验平台工具 Packet Tracer 的基本应用。

(2)掌握网络设备的基本原理。

(3)熟悉构建网络拓扑结构的方法。

二、实验原理

在实际的网络应用系统中，互联网络结构已经成为网络的基本结构模式。网络互联是指将分布在不同地理位置的网络、设备连接，以构成更大规模的互联网络系统，实现互联网络中的资源共享。互联的网络可以是相同或不同类型的网络，互联的设备可以运行相同或不同协议的设备。互联网络中的所有资源都应成为整个网络的资源。互联网络的资源共享与物理网络结构无关。互联网络应屏蔽各网络在协议、服务与管理等方面的差异。也就是说，互联网络的结构对用户是透明的。

(一)网络互联的功能

网络互联的对象是多个相同或不同类型的网络。不同类型的网络之间有不同的特点。针对不同网络的特点，网络互联功能可以分为两类：基本功能和扩展功能。其中，基本功能是指网络互联所必须具备的功能，包括不同网络之间传送数据时的寻址和路由选择等功能。扩展功能是指当互联网络提供不同服务时所需的功能，包括协议转换、分组长度变换、分组重新排序、差错检测等功能。

（二）网络互联的类型

网络互联的类型与所连接的网络类型直接相关，这些网络包括局域网、城域网与广域网等基本类型。但是，城域网很少作为一种网络类型单独提出。因此，网络互联的类型主要有四种："局域网—局域网"互联、"局域网—广域网"互联、"局域网—广域网—局域网"互联，以及"广域网—广域网"互联。

1."局域网—局域网"互联

在实际的网络应用中，"局域网—局域网"互联是最常见的一种，它可以分为两种。

同种局域网互联：相同网络协议的局域网之间的互联如两个以太网之间或两个令牌环网之间的互联。同种局域网之间的互联比较简单，使用网桥可以将分散在不同地理位置的多个局域网互联起来。

异型局域网互联：不同网络协议的局域网之间的互联，如一个以太网与一个令牌环网之间的互联。异型局域网之间的互联也可以用网桥实现，但是网桥必须支持要互联的网络使用的协议。

随着以太网在局域网中占据了绝大多数的市场，现在最常见的局域网基本上是以太网，"局域网—局域网"互联的模式中基本均呈现出"以太网—以太网"互联的同种局域网互联模式，因此，我们可以使用网桥或交换机将多个以太网互联起来。

2."局域网—广域网"互联

"局域网—广域网"互联也是常见的方式之一，可以通过路由器或网关来实现。

3."局域网—广域网—局域网"互联

两个分布在不同地理位置的局域网通过广域网互联，也是一种比较常见的互联类型，可以通过路由器或网关来实现。

4."广域网—广域网"互联

"广域网—广域网"互联也是常见的方式之一，可以通过路由器或网关来实现，这样接入广域网的主机资源可以共享。

（三）网络互联的层次

根据 OSI 参考模型的层次划分，网络协议分别属于不同的层次，因此，网络互联一定存在着互联层次的问题。根据网络层次的结构模型，网络互联可以分为三个层次。

1. 数据链路层互联

实现数据链路层互联的设备是网桥。网桥具有数据接收、转发与地址过滤功能，可以用来实现多个网络之间的数据交换。图 4-3 给出了数据链路层互联的结构。当使用网桥实现两个网络的数据链路层互联时，互联网络的数据链路层与物理层协议可以相同或不同。

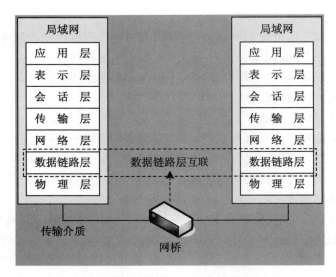

图 4-3　数据链路层互联的结构

2.网络层互联

实现网络层互联的设备是路由器。网络层互联主要解决路由选择、拥塞控制、差错处理与分段技术等问题。图 4-4 给出了网络层互联的结构。如果两个网络的网络层协议相同,这时需要解决的主要是路由选择问题。如果两个网络的网络层协议不同,这时就需要使用多协议路由器。当使用路由器实现两个网络的网络层互联时,互联网络的网络层及其下层协议可以相同或不同。

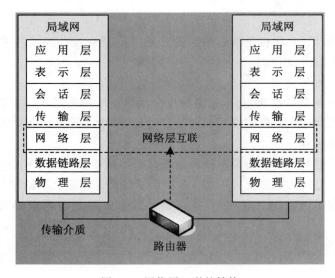

图 4-4　网络层互联的结构

3.高层互联

实现高层互联的设备是网关。这里的高层是指传输层及其上层协议。图 4-5 给出了高层互联的结构。高层互联使用的网关多数是应用层网关,通常被称为"应用网关"。当使用应用网关实现两个网络的高层互联时,互联网络的应用层及其下层协议可以相同或不同。

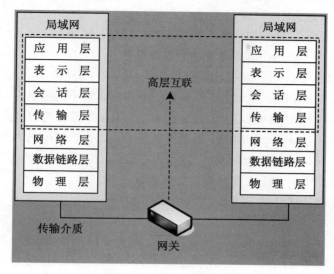

图 4-5　高层互联的结构

三、实验拓扑

实验拓扑图如图 4-6 所示。其中,各项参数已标示。

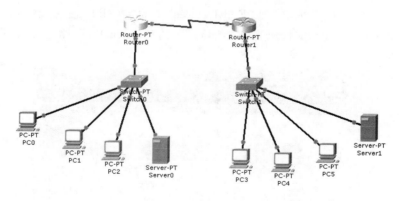

图 4-6　实验拓扑图

(一)配置路由端口

Router0:

快速以太网端口 Fastethenet0/0 的 IP 地址为 192.168.0.1,子网掩码为 255.255.255.0。

广域网同步串口 Serial2/0 IP 地址为 202.199.3.1,子网掩码为 255.255.255.0。

Router1:

快速以太网端口 Fastethenet0/0 的 IP 地址为 192.168.1.1,子网掩码为 255.255.255.0。

广域网同步串口 Serial2/0 的 IP 地址为 202.199.3.2,子网掩码为 255.255.255.0。

（二）路由表配置

Router0 路由信息为 192.168.1.0/24 via 202.199.3.2。

Router1 路由信息为 192.168.0.0/24 via 202.199.3.1。

（三）配置交换机 Switch0 所连接的各主机和服务器

默认网关为 192.168.0.1。

PC0 以太网端口 FastEthernet 的 IP 地址为 192.168.0.2,子网掩码为 255.255.255.0。

PC1 以太网端口 FastEthernet 的 IP 地址为 192.168.0.3,子网掩码为 255.255.255.0。

PC2 以太网端口 FastEthernet 的 IP 地址为 192.168.0.4,子网掩码为 255.255.255.0。

Server0 以太网端口 FastEthernet 的 IP 地址为 192.168.0.5,子网掩码为 255.255.255.0。

（四）配置交换机 Switch1 所连接的各主机和服务器

默认网关为 192.168.1.1。

PC3 以太网端口 FastEthernet 的 IP 地址为 192.168.1.2,子网掩码为 255.255.255.0。

PC4 以太网端口 FastEthernet 的 IP 地址为 192.168.1.3,子网掩码为 255.255.255.0。

PC5 以太网端口 FastEthernet 的 IP 地址为 192.168.1.4,子网掩码为 255.255.255.0。

Server1 以太网端口 FastEthernet 的 IP 地址为 192.168.1.5,子网掩码为 255.255.255.0。

四、实验步骤

（一）选取设备

从设备类型选框中找到需要添加设备的类型,然后在同类设备选框中选择设备型号,如图 4-7 所示。其中,计算机 PC 为"End Devices"中的"PC-PT",服务器 Server 为"End Devices"中的"Server-PT",交换机为"Switches"中的"Switch-PT",路由器为"Routers"中的"Router-PT"。

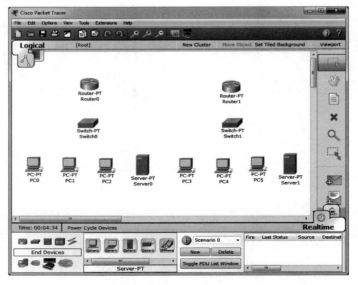

图 4-7　选取设备到工作区

(二)添加交换机物理端口

以交换机 Switch0 为例,单击工作区的 Switch0 图标,弹出设备配置管理窗口,具体的步骤如图 4-8 所示。以同样的方法扩展交换机 Switch1 的端口。

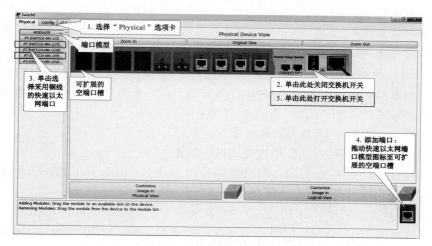

图 4-8 扩展 Switch0 的端口

(三)设备连接

根据不同的设备选取相应的连接线,构建网络拓扑,如图 4-9 所示。各台计算机、服务器与交换机快速以太网 FastEthernet 端口之间均采用直通电缆 Copper Straight-Through,交换机快速以太网 FastEthernet 端口与路由器快速以太网 FastEthernet0/0 端口之间也采用直通电缆 Copper Straight-Through,两台路由器之间使用专用的 DTE 串行线(Serial DTE)连接其串行 Serial2/0 端口。

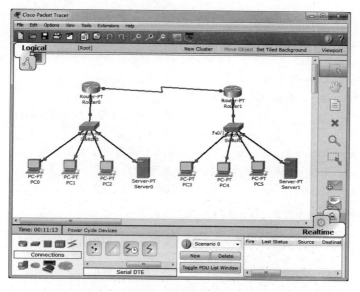

图 4-9 设备连接

备注：

（1）直通电缆能用于异种网络设备间的连接，如计算机与集线器的连接、集线器与路由器的连接等。交叉电缆能用于同种类型设备间的连接，如计算机与计算机的直联、集线器与集线器的级联等。值得注意的是，实际应用中有些集线器（或交换机）本身带有"级联端口"，当某一集线器的"普通端口"与另一集线器的"级联端口"连接时，因级联端口内部已经作了跳接处理，所以这时应采用直通双绞线来完成其连接。

（2）如图 4-9 所示，完成设备连接后，线缆两端分别呈现出绿色及红色的连接点，红色连接点表示相应的线缆一端的端口未接通，需要进一步配置端口；绿色连接点则表示线缆两端的接口初始连接成功。

（四）配置路由器端口 IP 地址及路由表

按照实验拓扑中的参数说明，依次完成以下配置。

（1）配置路由器 Router0 的端口信息及路由表。在 Cisco Packet Tracer 中可以分别采用命令行模式和图形化界面方式对路由器进行配置。

方法一：采用命令行模式对 Router0 进行配置。

① 单击路由器 Router0 图标，弹出路由器配置窗口，单击 "CLI" 选项卡，即可在命令行模式下对路由器进行配置。

② 对 Router0 的 FastEthernet0/0 快速以太网端口及 Serial2/0 串口进行 IP 地址信息配置，所输入的命令及相应的功能如下：

```
Router>enable                              //进入特权配置模式
Router#configure terminal                  //进入全局配置模式
Router(config)#interface FastEthernet0/0   //配置端口 FastEthernet0/0
Router(config-if)#ip address 192.168.0.1 255.255.255.0
                                           //设置 IP 地址和子网掩码分别为 192.168.0.1
                                           //和 255.255.255.0
Router(config-if)#no shutdown              //激活端口
Router(config-if)#exit                     //退出该端口的配置
Router(config)#interface Serial2/0         //配置端口 Serial2/0
Router(config-if)#ip address 202.199.3.1 255.255.255.0
                                           //设置 IP 地址和子网掩码分别为 202.199.3.1
                                           //和 255.255.255.0
Router(config-if)#clock rate 56000         //将串口波特率设置为 56000
Router(config-if)#no shutdown              //激活端口
Router(config-if)#exit                     //退出端口配置模式
Router(config)#
```

③ 为 Router0 配置路由表，所输入的命令及相应的功能如下：

```
Router>enable                              //进入特权配置模式
Router#configure terminal                  //进入全局配置模式
Router(config)#ip route 192.168.1.0 255.255.255.0 202.199.3.2
```

　　　　　　　　　　　　　　　　　　　　//配置静态路由,目的网络地址为 192.168.1.0,子网
　　　　　　　　　　　　　　　　　　　　//掩码为 255.255.255.0,下一跳地址为 202.199.3.2
Router(config)＃exit　　　　　　　　　//退出全局配置模式

方法二:采用图形化界面对路由器 Router0 进行配置。

　　①单击路由器 Router0 图标,弹出路由器配置窗口,单击"Config"选项卡,即可在图形化界面中对路由器进行配置。

　　②配置 Router0 的各端口 IP 地址和子网掩码。首先,快速以太网 FastEthernet0/0端口的配置步骤如图 4-10 所示。

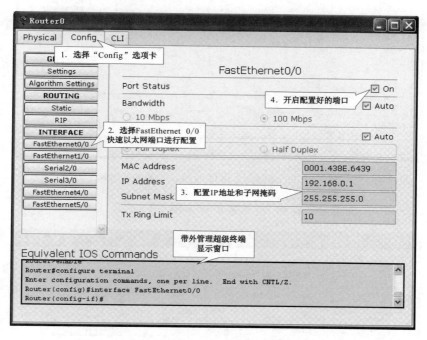

图 4-10　快速以太网端口的配置步骤

　　其次,广域网同步串口 Serial2/0 的配置方法如图 4-11 所示。

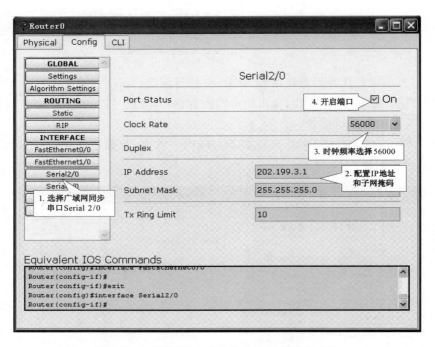

图 4-11　广域网同步串口 Serial2/0 的配置方法

③在 Router0 中配置静态路由表,具体步骤如图 4-12 所示。

图 4-12　配置静态路由表

(2)采用步骤(1)的方法,依次完成路由器 Router1 的端口信息及路由表的配置。其中,Router1 的端口信息为:

快速以太网端口 Fastethenet0/0 的 IP 地址为 192.168.1.1,子网掩码为 255.255.255.0。

广域网同步串口 Serial2/0 的 IP 地址为 202.199.3.2,子网掩码为 255.255.255.0,时钟频率为 56000。

Router1 路由表配置为 192.168.0.0/24 via 202.199.3.1(此路由表项对应信息:目的网络地址为 192.168.0.0,子网掩码为 255.255.255.0,下一跳地址为 202.199.3.1)

(五)配置 PC0~PC5 及 Server0、Server1 的 IP 地址及网关信息

(1)配置 Server0 的 IP 地址和默认网关。单击服务器 Server0,弹出设备配置管理窗口,该窗口包括物理外观(Physical)、配置(Config)及桌面(Desktop)三个选项卡。单击"Config"选项卡,在"Gateway"(网关)中输入默认网关的地址 192.168.0.1,如图 4-13 所示。

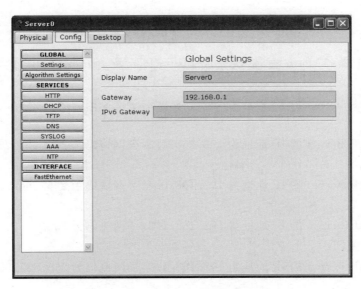

图 4-13　配置 Server0 的默认网关信息

然后,单击左侧 INTERFACE 中的"FastEthernet",配置服务器 Server0 的 IP 地址 (IP Address:192.168.0.5)及子网掩码(Subnet Mask:255.255.255.0),如图 4-14 所示。

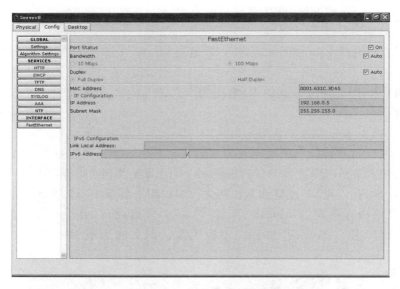

图 4-14　配置 Server0 的快速以太网端口信息

（2）采用步骤（1）的方法，依次完成 PC0～PC5 及 Server1 的 IP 地址和默认网关配置。

PC0：FastEthernet 的 IP 地址为 192.168.0.2，子网掩码为 255.255.255.0，默认网关为 192.168.0.1。

PC1：FastEthernet 的 IP 地址为 192.168.0.3，子网掩码为 255.255.255.0，默认网关为 192.168.0.1。

PC2：FastEthernet 的 IP 地址为 192.168.0.4，子网掩码为 255.255.255.0，默认网关为 192.168.0.1。

PC3：FastEthernet 的 IP 地址为 192.168.1.2，子网掩码为 255.255.255.0，默认网关为 192.168.1.1。

PC4：FastEthernet 的 IP 地址为 192.168.1.3，子网掩码为 255.255.255.0，默认网关为 192.168.1.1。

PC5：FastEthernet 的 IP 地址为 192.168.1.4，子网掩码为 255.255.255.0，默认网关为 192.168.1.1。

Server1：FastEthernet 的 IP 地址为 192.168.1.5，子网掩码为 255.255.255.0，默认网关为 192.168.1.1。

（六）测试网络联通性

单击计算机 PC0 图标，弹出设备配置管理窗口。单击"Desktop"选项卡，然后选择"Command Prompt"进入命令提示符界面，如图 4-15 所示。在命令提示符下，对网络联通性进行测试。测试以下四种情况：环回测试、与局域网内其他计算机之间联通性测试、与网关联通性测试、与其他局域网内远程计算机之间联通性测试。

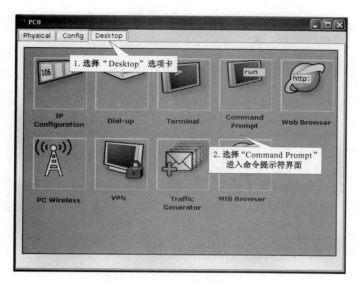

图 4-15　命令提示符界面

（1）环回测试：在命令提示符下输入 ping 127.0.0.1 进行环回测试，正常情况下，可看到来自本机的应答信息，如图 4-16 所示，以此可以检测 TCP/IP 的安装是否正确。

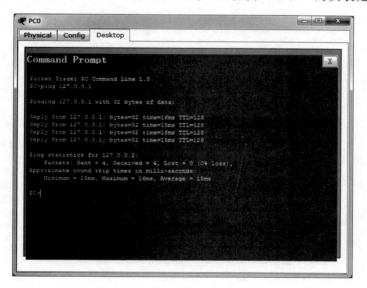

图 4-16　环回测试

（2）ping 局域网内其他计算机：以 ping PC1 为例，在命令提示符下输入 ping 192.168.0.3，能够收到 PC1 的应答信息，如图 4-17 所示，表明计算机 PC0 与 PC1 联通，即本地网络中的网卡及传输媒体运行正常。

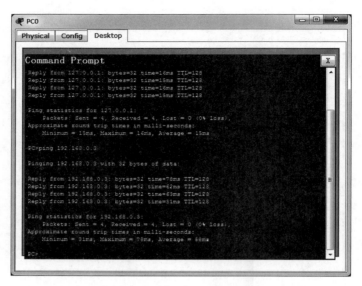

图 4-17　ping 局域网内其他计算机

（3）ping 网关：在命令提示符下输入 ping 192.168.0.1，能够收到网关 192.168.0.1 的应答信息，如图 4-18 所示，表明计算机 PC0 与网关联通。

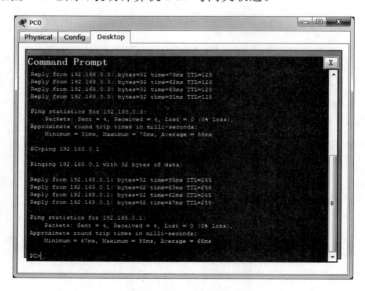

图 4-18　ping 网关

（4）ping 其他局域网内远程计算机：以 ping Server1 为例，在命令提示符下输入 ping 192.168.1.5，能够收到 Server1 的应答信息，如图 4-19 所示，表明计算机 PC0 与 Server1 联通，即本地网络与 Server1 所在远程网络之间联通，两者之间各个转接点均正常工作。

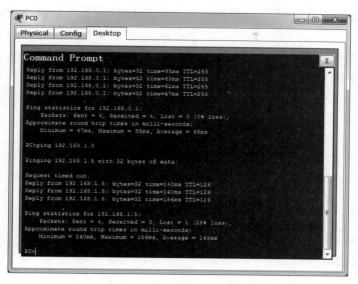

图 4-19 ping 其他局域网内远程计算机

思考：为什么 ping 192.168.1.5 的第一个应答信息是"Request timed out"？

实验 4.2 DHCP 服务器配置及应用

一、实验目的

(1)了解 TCP/IP 网络中 IP 地址的分配和管理方式。
(2)熟悉 DHCP 的工作原理。
(3)掌握 DHCP 的配置和管理方法。

二、实验原理

(一)DHCP 简介

动态主机配置协议(Dynamic Host Configuration Protocol,DHCP)是一个简化主机 IP 地址分配管理的 TCP/IP 标准协议。

在使用 TCP/IP 协议的网络上,每一台计算机都拥有唯一的计算机名和 IP 地址。 DHCP 可以将 DHCP 服务器的 IP 地址数据库中的 IP 地址动态地分配给局域网中的客户机,从而减轻网络管理员的负担。

在使用 DHCP 时,整个网络中至少要有一台服务器上安装有 DHCP 服务,其他要使用 DHCP 功能的工作站也必须设置为利用 DHCP 自动获得 IP 地址,从而避免了因手工设置 IP 地址及子网掩码所产生的错误,也避免了把一个 IP 地址分配给多台工作站所造成的地址冲突。使用 DHCP 服务器极大地缩短了配置或重新配置网络中的工作站所花费的时间,而且可灵活地设置地址租约。DHCP 地址租约的更新过程将有助于确定哪个客户机的设置需要经常更新,且这些变更由客户机与 DHCP 服务器自动完成,无须网络管理员干涉。

(二)常用 DHCP 的配置术语

DHCP 标准为 DHCP 服务器的使用提供了一种有效的方法,即管理 IP 地址的动态分配,以及网络上启用 DHCP 客户机的其他相关配置信息。其中,常用的术语主要包括六类。

1.作用域

作用域是一个网络中所有可分配的 IP 地址的连续范围,主要用来定义网络中单一的物理子网的 IP 地址范围。作用域是服务器用来管理分配给网络客户的 IP 地址的主要手段。

2.排除范围

排除范围是不用于分配的 IP 地址序列,可保证在这个序列中的 IP 地址不会被 DHCP 服务器分配给客户机。

3.地址池

在用户定义了 DHCP 范围及排除范围后,剩余的地址构成了一个地址池。地址池中的地址可以动态地分配给网络中的客户机使用。

4.租　约

租约是 DHCP 服务器指定的时间长度,在这个时间范围内客户机可以使用所获得的 IP 地址。当客户机获得 IP 地址时租约被激活,在租约到期前客户机需要更新 IP 地址的租约。当租约过期或从服务器上删除时,则租约停止。

5.保留地址

用户可以利用保留地址创建一个永久的地址租约。保留地址可保证子网中的指定硬件设备始终使用同一个 IP 地址。

6.选项类型

DHCP 服务器不但可以为 DHCP 客户机提供 IP 地址,而且可以设置 DHCP 客户机启动时的工作环境,如客户机登录时的域名称、DNS 服务器、WINS 服务器等。在客户机更新或续订租约时,DHCP 还可以自动设置客户机启动后的 TCP/IP 环境。选项类型是 DHCP 服务器给 DHCP 工作站分配租约时分配的其他客户配置参数。常使用的选项包括默认网关、WINS 服务器及 DNS 服务器。

三、实验环境

硬件环境:计算机一台,配备网卡及局域网环境。

软件环境:Windows 操作系统、Packet Tracer 应用软件。

实验拓扑:使用如图 4-20 所示的网络拓扑。

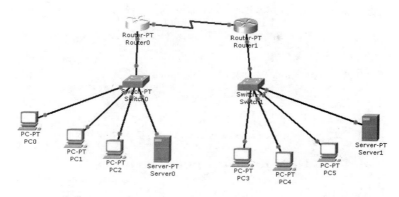

图 4-20　网络拓扑图

四、实验步骤

（1）打开网络拓扑图，依次单击 PC0、PC1 和 PC2 的图标，选择"Config"选项卡，单击 INTERFACE 下的"FastEthernet"，查看各台计算机的接口信息，可知 PC0、PC1 和 PC2 的 IP 地址分别为：

PC0：快速以太网端口 FastEthernet 的 IP 地址为 192.168.0.2，子网掩码为 255.255.255.0。

PC1：快速以太网端口 FastEthernet 的 IP 地址为 192.168.0.3，子网掩码为 255.255.255.0。

PC2：快速以太网端口 FastEthernet 的 IP 地址为 192.168.0.4，子网掩码为 255.255.255.0。

（2）开启服务器：在工作区中单击 Server0 图标，弹出 Server0 设备配置管理窗口，如图 4-21 所示。

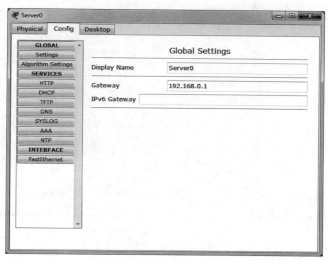

图 4-21　Server0 设备配置管理窗口

开启服务器 Server0 的 DHCP 服务器功能,具体方法如图 4-22 所示。

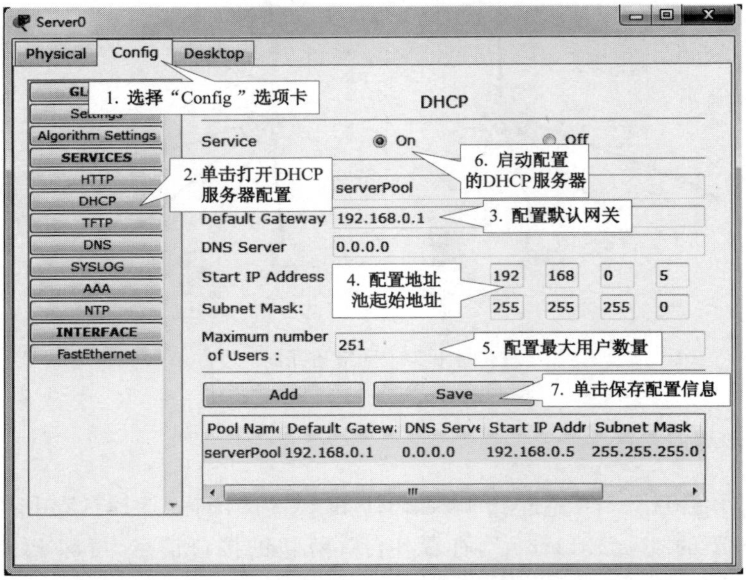

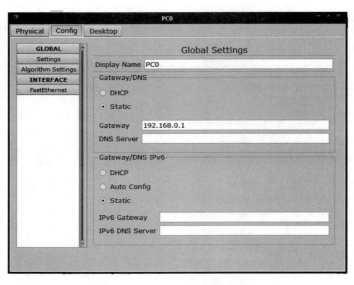

图 4-22　开启服务器 DHCP 功能

(3)重新配置 PC0～PC2 各工作站获取 IP 地址方式。

①以 PC0 为例,单击工作区 PC0 图标,弹出设备配置管理窗口,选择"Config"选项卡,如图 4-23 所示。按照图 4-24 所示的步骤,将 PC0 的 IP 地址获取方式设置为 DHCP(自动获得 IP 地址)。

图 4-23　PC0 设备配置管理窗口

图 4-24 配置 PC0 获取 IP 地址方式

PC0 配置完成后,在 Config 选项卡下,单击 FastEthernet 快速以太网端口,查看现在获取的 IP 地址,如图 4-25 所示,可见 PC0 已经由静态 IP 地址分配方式变为 DHCP 自动获取 IP 地址方式,同时 IP 地址已经变为 DHCP 地址池中可分配的某个 IP 地址。

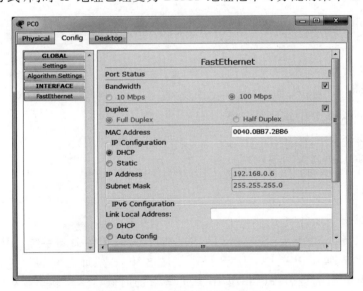

图 4-25 查看重置后端口信息

②以同样的方法完成 PC1 和 PC2 的配置,并查看新获取的 IP 地址。

(4)测试网络联通性。

使用 ping 命令,检测能否用自动获取的 IP 地址访问外网,具体步骤为:单击计算机 PC1 图标,弹出设备配置管理窗口。单击"Desktop"选项卡,然后选择"Command

Prompt"进入命令提示符界面。在命令提示符下,输入 ping 192.168.1.4,结果如图 4-26 所示,表明 PC1 与 PC5 联通,即 PC1 与 PC5 之间各转接点正常工作,其所在网段联通。

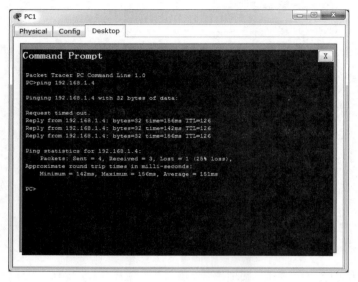

图 4-26　联通性测试

实验 4.3　DNS 服务器配置及应用

一、实验目的

(1)了解 DNS 的工作原理和过程。
(2)掌握 DNS 的配置方法。
(3)用 HTML 语言编写简单网页并发布。

二、实验原理

(一)域名系统

域名系统(Domain Name System,DNS)是因特网使用的命名系统,用来将便于人们使用的机器名字转换为 IP 地址。DNS 提供了域名和 IP 地址之间的双向解析功能。当用户提出利用计算机的域名查询相应 IP 地址请求的时候,DNS 服务器从其数据库查询出对应的 IP 地址,并将其回送给用户。如果没有域名解析服务,在访问网站时就只能输入 IP 地址。但是,IP 地址是一串数字,不如具有实际意义的域名便于记忆。

在 DNS 的域名服务器上,保存了 IP 地址与域名对应的记录。当用户在浏览器中输入域名时,其将输入的域名解析为 IP 地址。

因特网采用层次树状结构的命名方法,任何一个连接在因特网上的主机或路由器,都有一个唯一的层次结构的名字,即域名(Domain Name)。从语法上讲,每一个域名都由标号序列组成,而各标号之间用点隔开。如 www. sdu. edu. cn 就是山东大学的 Web 服务器的域名,它由四个标号组成,其中标号 cn 是顶级域名,标号 edu 是二级域名,标号 sdu 是三级域名,标号 www 是四级域名。

因特网上的 DNS 域名服务器是按照层次安排的。每一个域名服务器都只对域名体系中的一部分进行管辖。根据域名服务器所起的作用,可以把域名服务器划分为四种类型:根域名服务器、顶级域名服务器、权限域名服务器以及本地域名服务器。其中,当一个主机发出 DNS 查询请求时,这个查询请求报文就发送给本地域名服务器。每一个因特网服务提供者(Internet Service Provider,ISP),或一个大学,甚至一个大学的系,都可以拥有一个本地域名服务器。在计算机操作系统的网络连接中,"Internet 协议(TCP/IP)"的属性中所配置的 DNS 服务器就是指本地域名服务器。本地域名服务器一般离用户较近,当所要查询的主机也属于同一个 ISP 时,该本地域名服务器立即就能将所查询的主机名转换为 IP 地址。主机向本地域名服务器的查询一般采用递归查询,即当主机所询问的本地域名服务器不知道被查询域名的 IP 地址时,那么本地域名服务器就以 DNS 客户的身份,向其他根域名服务器发出查询请求报文(替该主机继续查询),而不是让该主机自己进行下一步查询。本地域名服务器向根域名服务器的查询通常采用迭代查询,即当根域名服务器收到本地域名服务器发出的迭代查询请求报文时,要么给出所要查询的 IP 地址,要么告诉本地域名服务器下一步应该向哪个域名服务器查询,然后让本地域名服务器进行后续查询(而不是替本地域名服务器进行后续的查询)。

为了提高 DNS 查询效率,并减轻根域名服务器的负荷和减少因特网上的 DNS 查询报文数量,在域名服务器中广泛采用了高速缓存。高速缓存用来存放最近查询过的域名以及从何处获得域名映射信息的记录。不但在本地域名服务器中需要高速缓存,在主机中也同样需要。许多主机在启动时从本地域名服务器下载名字和地址的全部数据库,维护存放自己最近使用的域名的高速缓存,并且只在从缓存中找不到名字时才使用域名服务器。维护本地域名服务器数据库的主机,应该定期检查域名服务器以获取新的映射信息,而且主机必须从缓存中删掉无效的项。

(二)万维网 WWW

万维网(World Wide Web,WWW)是一个大规模的联机式的信息储藏所,英文简称"Web"。万维网用链接的方法能非常方便地从因特网上的一个站点访问另一个站点。万维网以客户/服务器方式工作,浏览器就是在用户主机上的万维网客户程序。万维网文档所驻留的主机则运行服务器程序,因此该主机也称为"万维网服务器"。客户程序向服务器程序发出请求,服务器程序向客户程序送回客户所要的万维网文档。在一个客户程序主窗口上显示出的万维网文档称为"页面"(page)。

1. 统一资源定位符(Uniform Resource Locator,URL)

统一资源定位符 URL 是用来表示从因特网上得到的资源位置和访问这些资源的方法。URL 给资源的位置提供一种抽象的识别方法,并用这种方法给资源定位。URL 的一般形式由四个部分组成:

　　<协议>://<主机>:<端口>/<路径>

URL 的第一部分是"<协议>",这里指出使用什么协议来获取该万维网文档,现在

最常用的协议就是 http(超文本传送协议,HTTP),其次是 ftp(文件传送协议,FTP)。
"<协议>"后面是规定必须写上的格式":∥",不能省略。后面是第二部分"<主机>",
指出这个万维网文档是在哪个主机上。这里的"<主机>"就是指该主机在因特网上的域
名。再后面是第三和第四部分"<端口>"和"<路径>",有时可以省略。

2. 超文本传送协议(HyperTextTransfer Protocol,HTTP)

HTTP 协议定义了浏览器(即万维网客户进程)怎样向万维网服务器请求万维网文
档,以及服务器怎样把文档传送给浏览器。从层次的角度看,HTTP 是面向事务的应用
层协议,是万维网上能够可靠交换文件的重要基础。

3. 超文本标记语言(Hyper Text Markup Language,HTML)

要使任何一台计算机都能显示出任何一个万维网服务器上的页面,就必须解决页面
制作的标准化问题。超文本标记语言 HTML 就是一种制作万维网页面的标准语言,它
消除了不同计算机之间信息交流的障碍。

HTML 定义了许多用于排版的命令,即"标签"(tag)。例如,"<I>"表示后面开始
用斜体字排版,而"</I>"则表示斜体字排版到此结束。HTML 就把各种标签嵌入到万
维网的页面中,这样就构成了 HTML 文档。HTML 文档是一种可以用任何文本编辑器
创建的 ASCII 码文件。但应注意,仅当 HTML 文档是以". html"或". htm"为后缀时,浏
览器才对这样的 HTML 文档的各种标签进行解释。表 4-1 是一个简单的例子,可以用来
说明 HTML 文档中标签的用法。图 4-27 表示 IE 浏览器在计算机屏幕上显示出的与该
文档有关部分的画面。

表 4-1   **HTML 文档示例**

<html>	{html 文档开始}
<center><font size=$'+2'$ color=$'blue'$>Cisco Packet Tracer</font></center>	{<font size=" color=""></font>设置字体大小 1~7,颜色使用名字或 RGB 的十六进制值} {<center>和</center>之间的文字水平居中}
<hr>Welcome to Cisco Packet Tracer, the best thing since...	{<hr>在页面上创建一条水平线}
<p>Quick Links:</p>	{<p>和</p>之间的文字是一个段落}
 	{ 插入换行符}
<a href=$'helloworld. html'$>A small page</a>	{<a href="#name"></a>创建指向位于文档内部书签的超链接}
</html>	{html 文档结束}

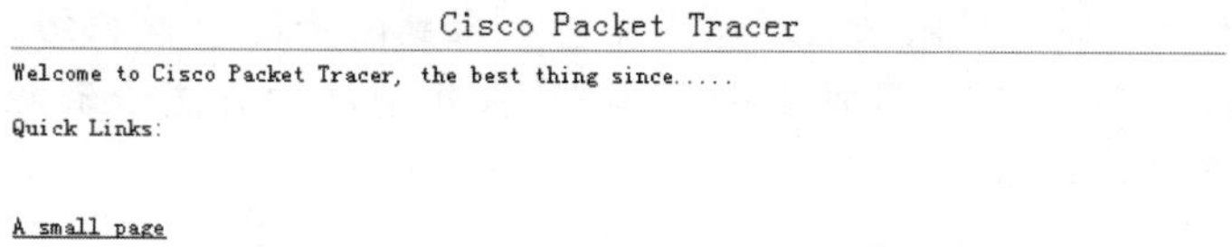

Cisco Packet Tracer

Welcome to Cisco Packet Tracer, the best thing since.....

Quick Links:

A small page

图 4-27   文档对应页面

三、实验环境

硬件环境：计算机一台，配备网卡及局域网环境。

软件环境：Windows 操作系统、Packet Tracer 应用软件。

实验拓扑：使用如图 4-28 所示的网络拓扑。

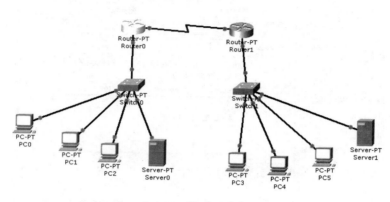

图 4-28　实验拓扑图

四、实验步骤

（1）开启服务器 Server0 的 HTTP 服务器和 DNS 服务器功能。具体方法为：在工作区中，单击 Server0 图标，弹出设备配置管理窗口。

①开启 HTTP 服务器，具体步骤如图 4-29 所示。

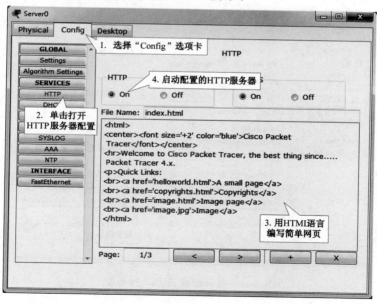

图 4-29　开启 HTTP 服务器

②开启 DNS 服务器,具体步骤如图 4-30 所示。

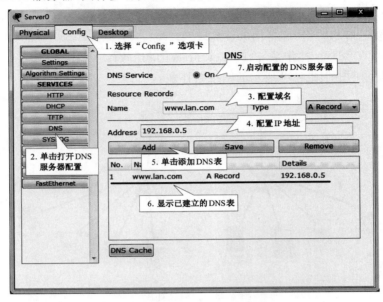

图 4-30　开启 DNS 服务器

（2）重新配置 DHCP 服务器。在实验 4.2 中,DHCP 服务器配置时没有配置 DNS 服务器地址,所以需要重新配置并添加有效信息,具体步骤如图 4-31 所示。

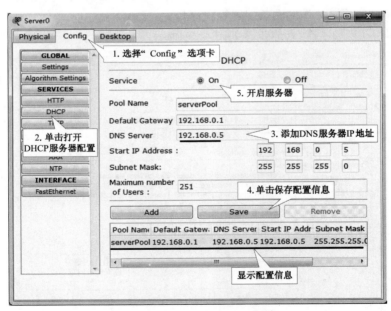

图 4-31　重新配置 DHCP 服务器

（3）重启 PC0~PC2 的 DHCP 服务。以 PC0 为例,在工作区单击 PC0 图标,弹出设备配置管理窗口,选择"Config"选项卡,如图 4-32 所示。重启之前的 DNS 服务器为

0.0.0.0，接下来，在 DNS Server 栏将 DNS 服务器的 IP 地址变更为 192.168.0.5，如图 4-33 所示。值得注意的是，在 Packet Tracer 中若变更 DHCP 的网关或 DNS 服务器地址均需先从 DHCP 模式转换为静态(Static)配置模式，然后再切换回 DHCP 模式。同样的，重启 PC1 和 PC2 的 DHCP 服务，更新其 DNS 服务器 IP 地址。

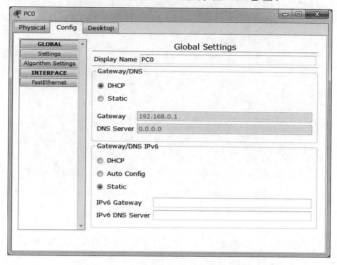

图 4-32　重启前的设备配置管理窗口

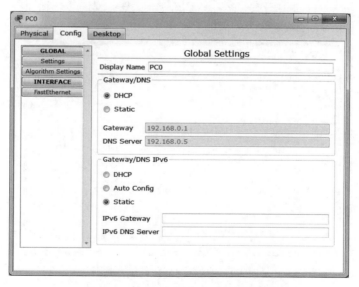

图 4-33　重启后的设备配置管理窗口

(4)访问 HTTP 服务器。以用 PC0 访问 HTTP 服务器为例，在工作区单击 PC0 图标，弹出设备配置管理窗口，选择"Desktop"选项卡，如图 4-34 所示，单击"Web Browser"，打开网络浏览器。

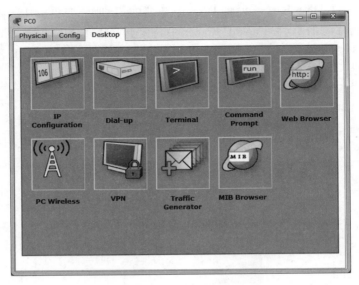

图 4-34　Desktop 选项卡

①通过网址访问服务器。在地址栏中输入网址 192.168.0.5,单击"Go",登录相应网页,可见 HTTP 服务器上编写的网页内容,如图 4-35 所示。

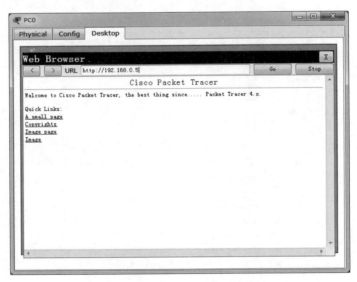

图 4-35　通过网址访问服务器

②通过域名访问服务器。在地址栏中输入服务器所对应的域名 www.lan.com,单击"Go",登录相应网页,可见 HTTP 服务器上编写的网页内容,如图 4-36 所示。

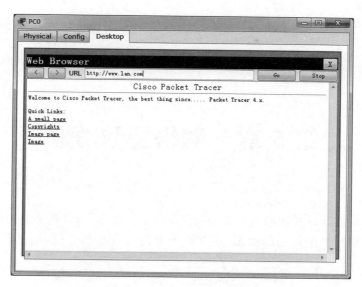

图 4-36　通过域名访问服务器

　　备注：此实验中仅将 Server0 配置为 HTTP 服务器和 DNS 服务器，以同样的方法可以将 Server1 配置为 HTTP 服务器和 DNS 服务器。

第5章 网络协议分析

了解网络协议运行过程的最好方法就是进行实际观察,即在真实的网络环境中,使用一定的工具截获网络中传送的数据包,对其内容进行观察和分析,从而了解协议的运行机制。

5.1 数据包分析与数据包嗅探器

数据包分析,通常也称为"数据包嗅探"或"协议分析",指的是捕获和解析网络上在线传输数据的过程,通常是为了更好地了解网络上正在发生的事情。数据包分析过程通常由数据包嗅探器来执行,而数据包嗅探器则是一种用来在网络媒介上捕获原始传输数据的工具。

数据包分析技术可以通过以下方法来达到目标:了解网络特征;查看网络上的通信主体;确认正在占用网络带宽的进程或应用;识别网络使用的高峰时间;识别可能的攻击或恶意活动;寻找不安全以及滥用网络资源的应用。

目前,市面上有着多种类型的数据包嗅探器,包括免费的和商业的。每个软件的设计目标都存在差异。流行的数据包分析软件包括 TcpDump、OmniPeek 和 Wireshark。TcpDump 是一个命令行程序,而 Wireshark 和 OmniPeek 都拥有图形用户界面。

数据包嗅探过程中涉及软件和硬件之间的协作,该过程可以分为三个步骤。

第一步:收集。数据包嗅探器从网络线缆上收集原始二进制数据。通常情况下,通过将选定的网卡设置成混杂模式来完成抓包。在这种模式下,网卡将抓取一个网段上所有的网络通信流量,而不仅仅是发往它的数据包。

第二步:转换。将捕获的二进制数据转换成可读形式。高级的命令行数据包嗅探器仅支持到这一步骤。通过这一步骤的完成,网络上的数据包将以一种基础的解析方式进行显示,而将大部分的分析工作留给最终用户。

第三步:分析。对捕获和转换后的数据进行真正的深入分析。数据包嗅探器以捕获的网络数据作为输入,识别和验证其协议,然后开始分析每个协议的特定属性。

我们在实验中选择 Wireshark 作为数据包捕获和分析的工具。Wireshark 在日常应用中具有许多优点。首先,Wireshark 的界面是数据包嗅探工具中最容易理解的工具之一。它基于图形用户界面(Graphical User Interface,GUI),并提供了清晰的菜单栏和简明的布局。为了增强实用性,还提供了不同协议的彩色高亮,以及通过图形展示原始数据细节等不同功能。其次,Wireshark 是开源的,它在价格上是无以匹敌的。Wireshark 是遵循通用公共许可证(General Public License,GPL)协议发布的自由软件,任何人无论出于私人还是商业目的,都可以下载并且使用。再次,一个软件的成败通常取决于其程序支持的好坏。虽然像 Wireshark 这样的自由分发软件很少会有正式的程序支持,而是依赖于开源社区的用户群,但是,Wireshark 社区是最活跃的开源项目社区之一。Wireshark 网页上给出了许多种程序支持的相关链接,包括在线文档、支持与开发 wiki、FAQ,并可以注册 Wireshark 开发者都关注的邮件列表。CACE Technologies 通过 SharkNet 项目也对外提供付费支持。最后,Wireshark 对主流的操作系统都提供了支持,其中包括 Windows、Mac OS X 以及基于 Linux 的系统。

5.2　监听网络线路

　　进行高效的数据包分析的一个关键决策是在哪里放置数据包嗅探器,以达到恰当的捕获网络数据的目的,数据包分析师通常把这个过程称为“监听网络线路”。简而言之,就是将数据包嗅探器安置在网络上恰当物理位置的过程。

　　安置嗅探器要考虑到种类繁多的用来连接网络的硬件设备。图 5-1 为一种典型情况。由于网络上集线器、交换机和路由器等三种主要设备对网络流量的处理方式都不相同,因此,必须根据网络使用的硬件设备恰当地设置嗅探器位置。

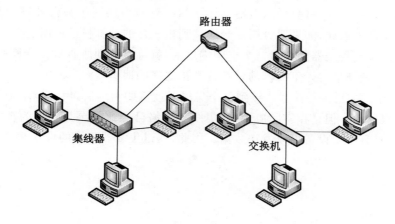

图 5-1　网络组网示意图

下面简单介绍如何在各种不同网络拓扑中安置数据包嗅探器。

5.2.1　混杂模式

如果在网络上嗅探数据包,首先要具备一个支持混杂模式驱动的网卡。所谓混杂模式,实际上就是一种允许网卡能够查看到所有流经网络线路数据包的驱动模式。

　　通常,网络上存在一类广播流量,因此,对于客户端来讲,接收到并非以其地址作为目标的数据包是非常常见的。以 ARP 协议为例,该协议用来将给定的 IP 地址解析成对应的 MAC 地址,在任何网络上都是一个关键的组成部分,同时可以作为一个典型例子说明有些网络流量并非发送到指定的目标地址。为了找到对应的 MAC 地址,ARP 协议会发出一个广播包并发送到广播域中的每个设备,然后期望正确的客户端作出回应。一个广播域(即一个网络段,其中任何一台计算机都可以无须经过路由器,直接传送数据到另一台计算机)是由几台计算机组成的,广播域中仅仅只有一个客户端应该对传输的 ARP 广播请求包作出回应,但是,其他网络设备上的网卡驱动会识别出这个数据包。由于目的地址并非这些网络设备,所以通常其他网络设备会选择将数据包丢弃,而不是传递给 CPU 进行处理。一般来讲,将目标并非这台接收主机的数据包进行丢弃可以显著地提高网络处理性能,但这对数据包的捕获和分析并非有益。通常只有能够看到线路上传输的每一个数据包,才能在不丢掉任何关键信息的前提下对网络数据进行分析。

　　因此,可以使用网卡的混杂模式来确保能够捕获所有的网络流量。一旦在混杂模式下工作,网卡将会把每一个它所看到的数据包都传递给主机的处理器,而无论数据包的目的地址是什么。一旦数据包到达 CPU,它就可以被一个数据包嗅探软件捕获并且进行分析。

　　现在的网卡一般都支持混杂模式。Wireshark 软件包中也包含了 libpcap/WinPcap 驱动,这样使得用户可以方便地在 Wireshark 界面上就将网卡直接切换到混杂模式上。

5.2.2　集线器网络中的嗅探

　　通过集线器的工作原理可知,流经集线器的所有网络数据包都会被发送到每一个集线器连接的端口。因此,如果要分析一台连接到集线器的计算机的网络通信,只需要将数据包嗅探器连接到集线器的任意一个空闲端口上,就可以看到所有从该计算机流入、流出的网络通信,以及其他接入集线器的任意计算机之间的通信。

　　如图 5-2 所示,当将嗅探器连接到一个集线器连接的网络后,用户对本地网络的可视范围是不受限制的。但是在实际应用中,集线器网络已经比较罕见。因为在集线器网络中,任意时刻只有一个设备可以发送数据。因此,通过集线器连接的设备必须与其他设备

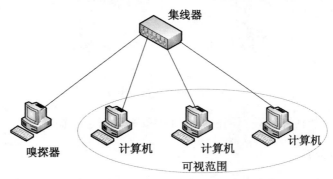

图 5-2　集线器网络中嗅探的可视范围

进行竞争,才能获得数据的发送权。当两个或以上的设备同时发送数据时,数据包就会产生冲突碰撞,结果可能造成丢包,通信设备需要承担重新传输数据包带来的性能损失,而这又会加剧网络拥塞和碰撞,进而降低网络性能。

5.2.3　交换式网络中的嗅探

交换机是目前网络环境中最常见的连接设备类型,它们通过广播、单播与多播方式为传输数据提供了高效的方法。同时,一些交换机还允许全双工通信,即设备可以同时发送和接收数据。因此,交换机给数据包嗅探带来了一些复杂因素。当用户将嗅探器连接到交换机的一个端口上时,只能看到广播数据包以及由本计算机发送和接收的数据包,如图5-3 所示。

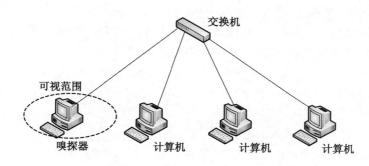

图 5-3　交换式网络中嗅探的可视范围

在一个交换式网络中,从一个目标设备捕获网络流量的基本方法主要有端口镜像、集线器接出、使用网络分流器以及 ARP 欺骗攻击等。

5.2.4　路由网络环境中的嗅探

所有在交换式网络中用来监听网络线路的技术在路由网络环境中都同样适用。面对路由网络环境时,需要重点考虑的问题是:当调试一个涉及多个网络分段的故障时,如何安置嗅探器。一个设备的广播域一直延伸,直到到达一个路由器。在网络流量必须经过多个路由器的情况下,在各个路由器上分析网络流量是非常重要的。

实验 5.1　基于 Wireshark 的 ARP 协议分析

一、实验目的

(1)掌握 ARP 协议的工作原理。

(2)理解 ARP 协议的数据包结构。

(3)熟悉 Wireshark 捕获和分析数据的方法。

二、实验原理

(一)ARP 协议

MAC 地址也叫"物理地址""硬件地址"或"链路地址",由网络设备制造商生产时写在硬件内部。IP 地址与 MAC 地址在计算机里都是以二进制表示的,IP 地址是 32 位的,MAC 地址是 48 位的。MAC 地址的长度为 48 位(6 字节),通常表示为 12 个十六进制数,每 2 个十六进制数之间用冒号隔开,如 08:00:20:0A:8C:6D 就是一个 MAC 地址,其中前 6 位十六进制数 08:00:20 代表网络硬件制造商的编号,它由 IEEE 分配,而后 6 位十六进制数 0A:8C:6D 代表该制造商所制造的某个网络产品(如网卡)的系列号。

MAC 地址在世界上是唯一的。IP 地址是人为指定的,它本身并没有与硬件在物理上一对一联系起来。而在数据链路层的一些设备,已经具备使用一个特定的硬件地址进行通信的能力。那么,每一台计算机或每一个终端都有一个硬件地址(根据网络类型的不同而不同),需要用一种规则将 IP 地址与硬件地址相对应起来。

将一台计算机的 IP 地址映射成相对应的硬件地址的过程叫"地址解析"(Address Resolution);相应地,这个解析过程的规范称为"地址解析协议"(Address Resolution Protocol,ARP)。

ARP 协议定义了两类基本的消息:

请求信息:包含自己的 IP 地址、硬件地址和请求解析的 IP 地址。

应答信息:包含发来的 IP 地址和对应的硬件地址。

以下面的例子来说明 ARP 协议的解析过程,假设站点 10.0.0.2 要与站点 10.0.0.4 通信,但它并不知道 10.0.0.4 的硬件地址。

这时,站点 10.0.0.2 向整个网络发送一个广播,即一个 ARP 地址解析请求。这个地址请求中包含自己的 IP 地址、硬件地址和请求解析的 IP 地址 10.0.0.4。

当所有的站点收到来自站点 10.0.0.2 的地址解析请求广播后,对它要求解析的地址进行判断,查看要求解析的 IP 地址是不是自己的 IP 地址。

站点 10.0.0.4 判断要求解析的 IP 地址是自己的 IP 地址,就将自己的物理地址写在一个应答消息中,根据解析请求消息中的 10.0.0.2 的硬件地址发送给站点 10.0.0.2。

这样,就完成了一次地址解析过程。

(二)ARP 协议数据包结构

ARP 数据包结构如图 5-4 所示,其中 ARP 首部包括以下各个字段:

硬件类型:使用的硬件(网络访问层)类型。通常情况下,该类型为以太网(类型 1)。

协议类型:ARP 请求正在使用的高层协议。

硬件地址长度:硬件地址的字节长度。对于以太网来说,其长度为 6 字节。

协议地址长度:对于制定协议类型所使用的逻辑地址的长度,IP 地址的长度是 4 字节。

操作号:指定当前执行操作的字段,1 表示请求,2 表示响应。

发送方硬件地址:发送者的硬件地址。

发送方协议地址:发送者的高层协议地址(IP 地址)。

目标硬件地址:目标接收方的硬件地址(ARP 请求中为 0)。

目标协议地址:目标接收方的高层协议地址(IP 地址)。

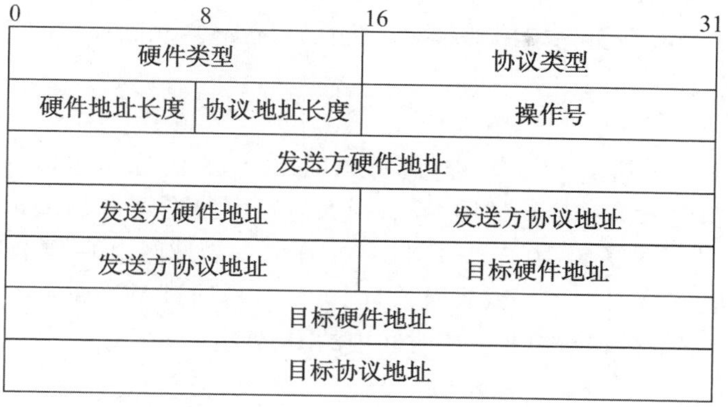

硬件类型		协议类型	
硬件地址长度	协议地址长度	操作号	
发送方硬件地址			
发送方硬件地址		发送方协议地址	
发送方协议地址		目标硬件地址	
目标硬件地址			
目标协议地址			

（表头刻度：0　　8　　16　　31）

图 5-4　ARP 数据包结构

（三）ARP 协议解析过程

1.解析本地 IP 地址

当一台主机要与其他主机通信时,初始化 ARP 请求。当判断目标 IP 地址是本地地址时,源主机在 ARP 缓存中查找目标主机的硬件地址。

如果找不到映射,ARP 建立一个请求,源主机 IP 地址和硬件地址会被包括在请求中。该请求通过广播,使所有本地主机均能接收并处理。

本地网上的每台主机都收到广播并寻找相符的 IP 地址。

当目标主机判断请求中的 IP 地址与自己的相符时,直接发送一个 ARP 应答,将自己的硬件地址传给源主机,并以源主机的 IP 地址和硬件地址更新它的 ARP 缓存。源主机收到应答后便建立起了通信。

2.解析远程 IP 地址

不同网络中的主机互相通信,源主机将首先寻求解析默认网关的硬件地址。

通信请求初始化时,判断目标 IP 地址为远程地址。源主机在本地路由表中查找,倘若目标 IP 地址非直联,源主机则认为需将数据转发至默认网关。在 ARP 缓存中查找符合该网关记录的 IP 地址所对应的硬件地址。

若没找到该网关的记录,ARP 将广播请求网关地址而不是目标主机的地址。路由器用自己的硬件地址响应源主机的 ARP 请求。源主机则将数据包送到路由器以传送到目标主机的网络,最终达到目标主机。

在路由器上,同样由 IP 地址判断目标 IP 地址是本地还是远程。如果目标地址是本地直联地址,路由器通过 ARP 缓存或广播获得硬件地址。如果是远程地址,路由器在其路由表中查找到达目标 IP 地址的下一跳网关,接着运用 ARP 获得此网关的硬件地址。然后,数据包被转发至下一跳网关。

3.ARP 缓存

为减少广播量,ARP 在缓存中保存地址映射以备用。ARP 缓存保存有动态项和静态项。动态项是自动添加和删除的,静态项则保留在 CACHE 中,直到计算机重新启动。

ARP 缓存总是为本地子网保留硬件广播地址（0xffffffffffffh），并作为一个永久项。此项使主机能够接收 ARP 广播。当查看缓存时，该项不会显示。每条 ARP 缓存记录的生命周期为 10 分钟，2 分钟内未用则删除。缓存容量满时，删除最早的记录。

三、实验环境

实验拓扑如图 5-5 所示。其中，进行实验的主机 PC1 运行 Windows 操作系统，通过以太网交换机与其他设备构成局域网，局域网通过路由器连接到 Internet。PC1 的 IP 地址为 10.1.0.32，默认网关为 10.1.1.1；与 PC1 在同一局域网内的 PC2 也运行 Windows 操作系统，IP 地址为 10.1.0.31，默认网关为 10.1.1.1；通过 Wireshark 将 PC1 的网卡设置为通常模式（非混杂模式），捕获一段时间内的 IP 分组。

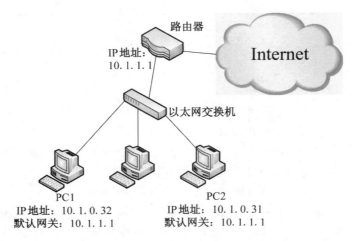

图 5-5　实验拓扑图

四、实验步骤

（一）观察 ARP 解析过程

（1）在 PC1 上运行 Wireshark，出现初始化界面，如图 5-6 所示。

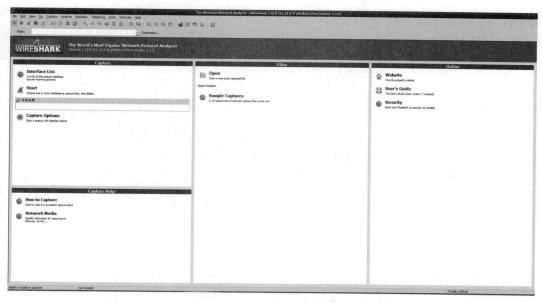

图 5-6　Wireshark 初始化界面

选择"Capture Options",出现捕获选项界面,取消默认的"Use promiscuous mode on all interfaces"的勾选,即将网卡设置为通常模式(非混杂模式),如图 5-7 所示。

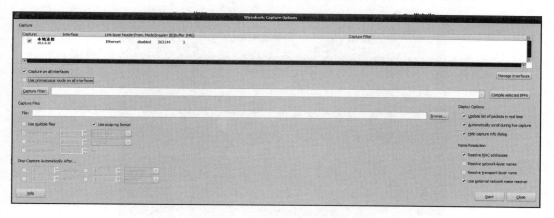

图 5-7　捕获选项界面及设置

单击"Start"按钮,开始捕获数据包,如图 5-8 所示。

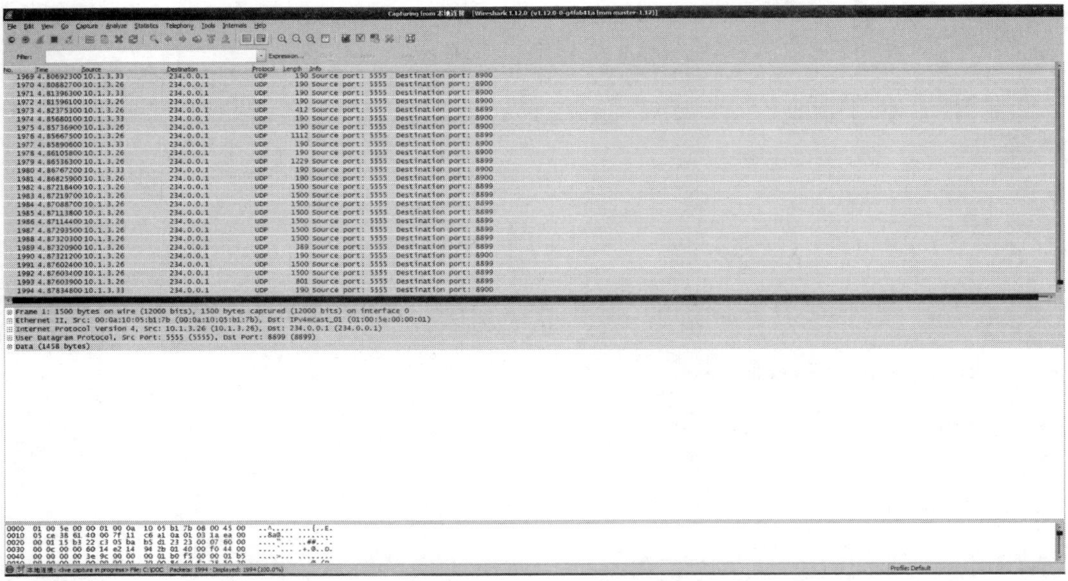

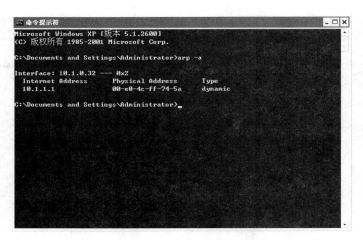

图 5-8　捕获数据包信息

（2）在命令提示符下，运行 arp-a 命令，查看 PC1 的所有 ARP 表项信息，如图 5-9 所示。

图 5-9　运行 arp-a 命令查看 ARP 表项

运行 arp-d 命令，删除 PC1 上的所有 ARP 表项，再次运行 arp-a 命令，确认 ARP 表项是否已经被删除，如图 5-10 所示。

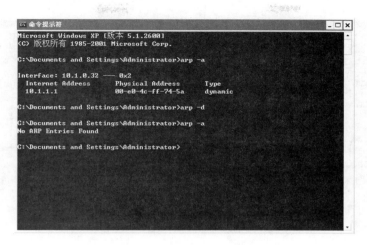

图 5-10　运行 arp-d 命令删除 ARP 表项

接着，运行 ping 10.1.0.31 命令，触发 ARP 过程，如图 5-11 所示。

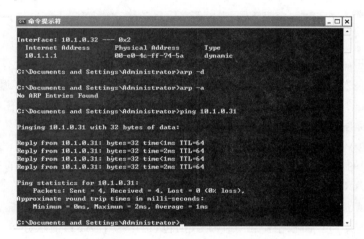

图 5-11　运行 ping 命令触发 ARP 过程

（3）PC1 停止在 Wireshark 中捕获数据包，此时可见整个 ARP 过程及期间捕获的数据包。为了能够更加清晰地查看 ARP 协议的工作过程，在 Packet List 面板上方的 Filter 文本框中，输入一个显示过滤器。如果想要过滤出捕获窗口中所有的 ARP 数据包，在文本框中输入 arp，单击"Apply"按钮，即可从 Packet List 面板中过滤出所有的 ARP 数据包了，如图 5-12 所示。如果要删除过滤器，单击"Clear"按钮即可。

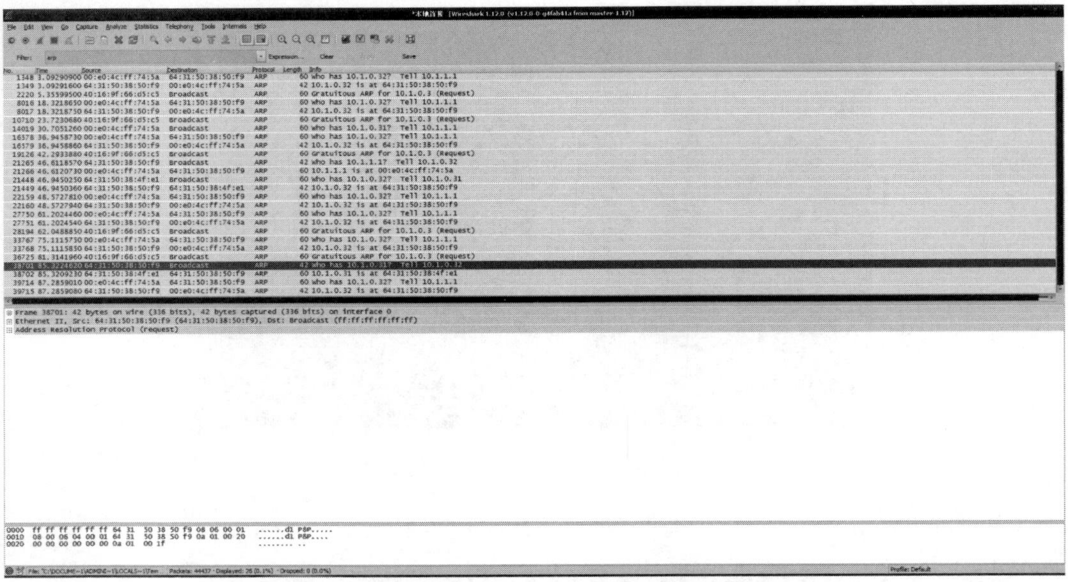

图 5-12　过滤出的 ARP 数据包

通过分析可看出，在运行 ping 命令后，PC1 首先检查 ARP 缓存，发现没有 10.1.0.31 的 MAC 地址，于是发送 ARP 请求分组，目的 MAC 地址为广播地址。PC2 返回一个 ARP 应答，告知自己的 MAC 地址。在这之后进行第一次 ICMP 请求和应答，后面三次的 ICMP 请求和应答过程不会触发 ARP 请求分组的发送，因为 ARP 缓存中已经存有 10.1.0.31 的 MAC 地址了。类似地，如果要连接另外一个网段中的主机，那么网关将会充当 ARP 代理的角色，具体的捕获和分析过程与同一网段中的主机之间的操作类似。

(二)解析 ARP 数据包格式

以上面的捕获结果为例，分析图 5-12 中数据包 38701 和 38702 的详细信息。

(1)在 Packet List 面板中单击 38701 数据包，选中一个 ARP 请求分组，然后在 Packet Details 面板中展开显示该数据包的详细信息，如图 5-13 所示。可见，ARP 请求分组的以太网帧内容只显示了以太网帧首部，源 MAC 地址是本机 MAC 地址，目的 MAC 地址是广播地址，分组类型为 0x0806。

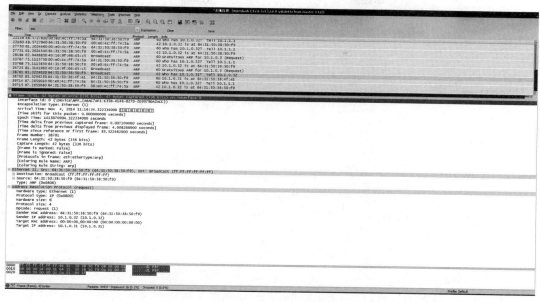

图 5-13　ARP 请求分组以太网帧结构

（2）在 Packet List 面板中单击 38702 数据包，选中一个 ARP 应答分组，然后在 Packet Details 面板中展开显示该数据包的详细信息，如图 5-14 所示。可见，ARP 应答分组的以太网帧内容包含了以太网帧首部和尾部，源 MAC 地址是单播地址 64:31:50:38:4f:e1，即 PC2(IP 地址为 10.1.0.31)的 MAC 地址，目的 MAC 地址是单播地址 64:31:50:38:50:f9，即 PC1(IP 地址为 10.1.0.32)的 MAC 地址，以太网帧的尾部被填充为 16 字节的全 0。

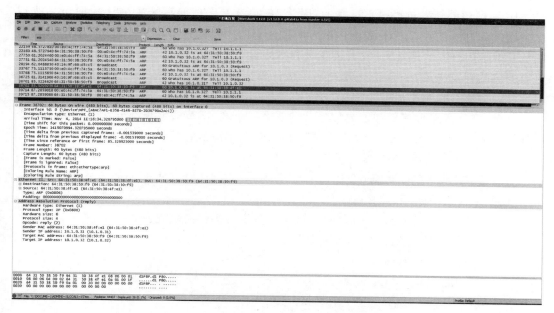

图 5-14　ARP 应答分组以太网帧结构

思考：对比 ARP 请求分组和 ARP 应答分组，分析其相同之处和不同之处。结合 ARP 数据包格式，利用捕获的数据包说明每个字段的取值。

实验 5.2　基于 Wireshark 的 IP 协议分析

一、实验目的

(1)掌握 IP 协议的工作原理。

(2)理解 IP 分组格式及各字段的功能。

(3)熟悉 Wireshark 捕获和分析数据的方法。

二、实验原理

(一)IP 协议

IP 协议是 TCP/IP 协议簇中最核心的协议，也是网络层中最重要的协议。IP 协议提供不可靠、无连接的分组传送服务。不可靠是指其不能保证 IP 分组能成功到达目的地，仅提供尽力而为的传输服务。无连接是指 IP 协议不维护任何关于后续分组的状态信息，每个分组的处理都是相互独立的，可以不按发送顺序接收。

网络层接收由更低层(网络接口层，如以太网设备驱动程序)发来的数据包，并把该数据包发送到传输层的 TCP 或 UDP 实体；相反，网络层也把从 TCP 或 UDP 接收来的数据包传送到更低层。如果发生某种错误时，如某个路由器暂时用完了缓冲区，路由器会丢弃分组，然后发送 ICMP 消息给发送端，可靠性必须由上层来提供。

IP 数据包的转发过程是不可靠的，因为 IP 并没有做任何事情来确认数据包是按顺序发送的或没有被破坏。IP 数据包中含有发送它的主机的地址(源 IP 地址)和接收它的主机的地址(目的 IP 地址)。它告诉主机和网络设备数据包的源和目的归属，以便于设备对数据包的转发决策。

(二)协议数据包格式

每个 IP 分组包含首部和数据部分。首部由一个 20 字节的定长部分和一个可选的变长部分组成。IPv4 分组的格式如图 5-15 所示，每个字段的意义如下：

版本号：IP 所使用的版本，这里是 4。

头长度：IP 头部的长度，这个值以 4 字节为单位。IP 协议头部的固定长度为 20 字节。如果 IP 包没有选项，那么这个值为 5。

服务类型：优先级标志位和服务类型标志位，说明提供的优先权。

总长度：IP 数据的长度，以字节为单位。

标识符：标识这个 IP 数据包。

标志：标识此包是否为此 IP 数据的首尾分片以及是否分片。

段偏移值：与标志字段一起用来重组分片。

生存时间：数据包的生存周期，每经过一个路由的时候减 1，取值为 0 时数据包被丢弃。

协议类型：表示创建这个 IP 数据包的高层协议，如 TCP、UDP 协议。

头校验和：提供对数据包首部的校验。

源 IP 地址：发送者的 IP 地址。

目的 IP 地址：接收者的 IP 地址。

可选项：保留作额外的 IP 选项，如源路由和时间戳等。

数据：使用 IP 传递的实际数据。

需要说明的是，此处我们仅简单介绍了 IP 分组的格式，如果需要了解 IP 协议及其分组格式的详细说明和字段取值，可以参考其他资料。

0　　　 3 4　　 7 8　　　　　 15 16　　　　　　　　　 31			
版本号	头长度	服务类型	总长度
标识符		标志	段偏移值
生存时间		协议类型	头校验和
源 IP 地址			
目的 IP 地址			
可选项（0 或多个）			填充（可选）
数据			

图 5-15　IPv4 分组格式

三、实验环境

实验拓扑如图 5-16 所示。其中，进行实验的主机 PC1 运行 Windows 操作系统，通过以太网交换机与其他设备构成局域网，局域网通过路由器连接到 Internet。PC1 的 IP 地址为 10.1.0.32，默认网关为 10.1.1.1；与 PC1 在同一局域网内的 PC2 也运行 Windows 操作系统，IP 地址为 10.1.0.31，默认网关为 10.1.1.1；通过 Wireshark 将 PC1 的网卡设置为通常模式（非混杂模式），捕获一段时间内的 IP 分组。

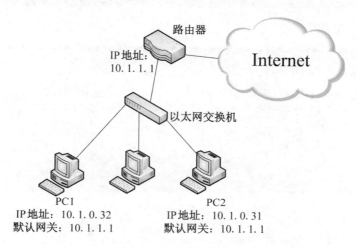

图 5-16　实验拓扑图

四、实验步骤

(一)观察通常的 IP 数据包

(1)在 PC1 上运行 Wireshark,出现初始化界面,如图 5-17 所示。选择"Capture Options",出现捕获选项界面,取消默认的"Use promiscuous mode on all interfaces"的勾选,即将网卡设置为通常模式(非混杂模式),如图 5-18 所示。

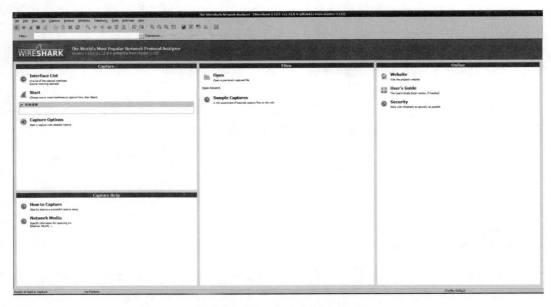

图 5-17　Wireshark 初始化界面

单击"Start"按钮,开始捕获数据包。

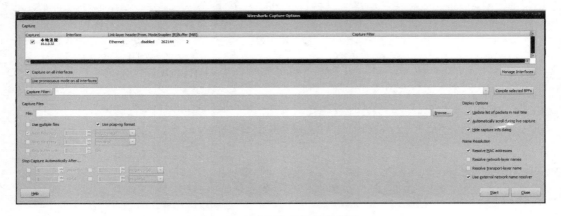

图 5-18　捕获选项界面及设置

打开 IE 浏览器,在地址栏中输入 www. sdu. edu. cn 站点地址。PC1 停止在 Wireshark 中捕获数据包,此时可见整个过程中捕获的数据包。为了能够更加清晰地查看 IP 数据包的各字段信息,在 Packet List 面板上方的 Filter 文本框中,输入一个显示过滤器。

如果想要过滤出捕获窗口中所有的源 IP 地址为 10.1.0.32、目的 IP 地址为 202.194.15.22（www.sdu.edu.cn 的 IP 地址）的数据包，在文本框中输入 ip.src＝＝10.1.0.32&&ip.dst＝＝202.194.15.22，单击"Apply"按钮，即可从 Packet List 面板中过滤出所有符合条件的相关数据包，如图 5-19 所示。如果要删除过滤器，单击"Clear"按钮即可。

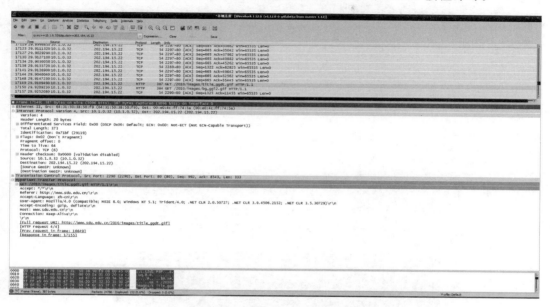

图 5-19　过滤后的相关数据包

类似地，如果想要过滤出捕获窗口中所有的目的 IP 地址为 10.1.0.32、源 IP 地址为 202.194.15.22（www.sdu.edu.cn 的 IP 地址）的数据包，在文本框中输入 ip.src＝＝202.194.15.22&&ip.dst＝＝10.1.0.32，单击"Apply"按钮，即可从 Packet List 面板中过滤出所有符合条件的相关数据包，如图 5-20 所示。同样的，如果要删除过滤器，单击"Clear"按钮即可。

（2）在 PC1 上运行 Wireshark，出现初始化界面。选择"Capture Options"，出现捕获选项界面，取消默认的"Use promiscuous mode on all interfaces"勾选，即将网卡设置为通常模式（非混杂模式）。单击"Start"按钮，开始捕获数据包。打开命令提示符，分别用 ping 命令探测 PC2（IP 地址为 10.1.0.31）、默认网关（IP 地址为 10.1.1.1）及互联网上的站点（域名为 www.baidu.com），如图 5-21 至图 5-23 所示。

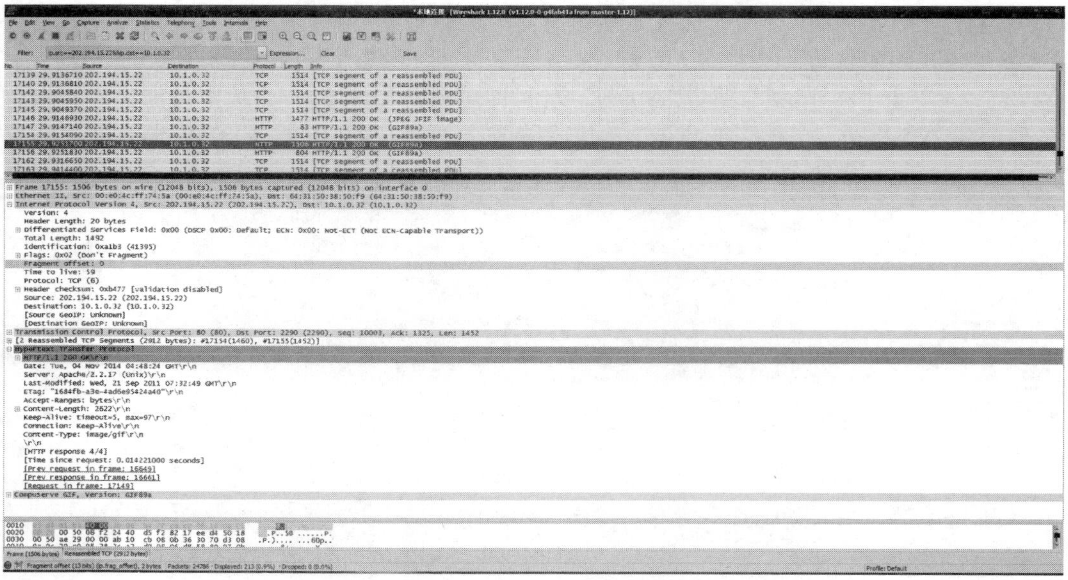

图 5-20　过滤出的数据包

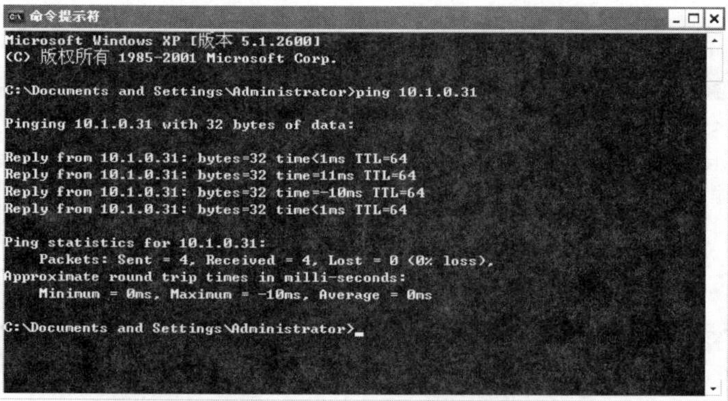

图 5-21　探测 PC2

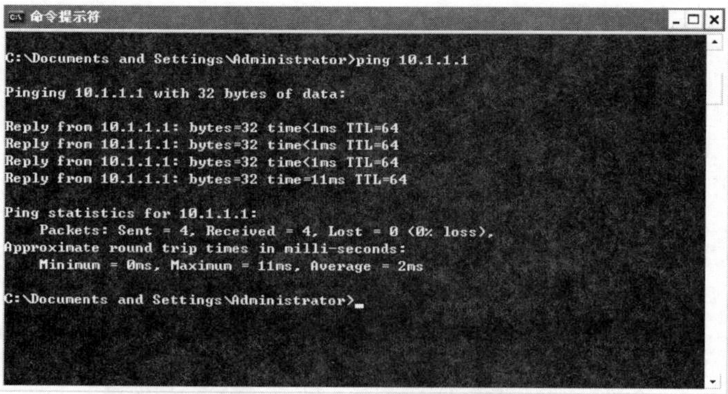

图 5-22　探测默认网关

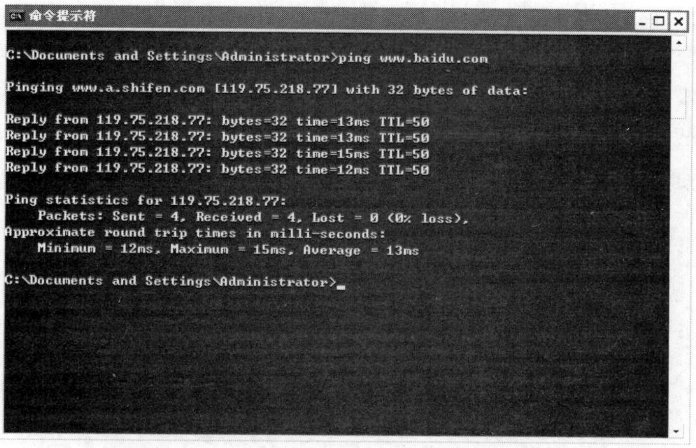

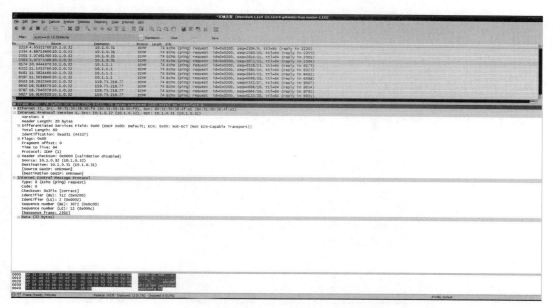

图 5-23　探测互联网远程站点

PC1 停止在 Wireshark 中捕获数据包,此时可见整个过程中捕获的数据包。在 Packet List 面板上方的 Filter 文本框中,输入一个显示过滤器 ip. src==10. 1. 0. 32&&icmp,单击"Apply"按钮,即可从 Packet List 面板中过滤出所有源节点 IP 地址为 10. 1. 0. 31,同时使用 ICMP 协议的相关数据包,如图 5-24 所示。可见,所过滤出的数据包恰好对应了针对目的地址分别为 10. 1. 0. 31、10. 1. 1. 1 及 119. 75. 218. 77(www. baidu. com 所对应的 IP 地址)的 ping 命令触发的 ICMP 协议。在 Packet List 面板中分别选择各数据包,然后在 Packet Details 面板中展开显示该数据包的详细信息,观察并分析其 IP 数据包各字段的取值和含义。

图 5-24　过滤的 ICMP 相关数据包

　　（3）在 PC1 上运行 Wireshark，出现初始化界面。选择"Capture Options"，出现捕获选项界面，取消默认的"Use promiscuous mode on all interfaces"勾选，即将网卡设置为通常模式（非混杂模式）。单击"Start"按钮，开始捕获数据包。打开命令提示符，输入 ping-f www.baidu.com，该命令的含义为不允许 IP 数据包分片的同时测试 PC1 本机与 www.baidu.com 的联通性，如图 5-25 所示。

图 5-25　运行 ping 命令

　　PC1 停止在 Wireshark 中捕获数据包，此时可见整个过程中捕获的数据包。在 Packet List 面板上方的 Filter 文本框中，输入一个显示过滤器 icmp，单击"Apply"按钮，即可从 Packet List 面板中过滤出所有使用 ICMP 协议的相关数据包，如图 5-26 所示。

图 5-26　过滤出的数据包

在 Packet List 面板中分别选择各数据包,然后在 Packet Details 面板中展开显示该数据包的详细信息,观察并分析其 IP 数据包各字段的取值和含义,如图 5-27 所示。

图 5-27　数据包详细信息

(4)在 PC1 上运行 Wireshark,出现初始化界面。选择"Capture Options",出现捕获选项界面,取消默认的"Use promiscuous mode on all interfaces"勾选,即将网卡设置为通常模式(非混杂模式)。单击"Start"按钮,开始捕获数据包。打开命令提示符,输入 tracert www.baidu.com,跟踪到达 www.baidu.com 的路由,如图 5-28 所示。

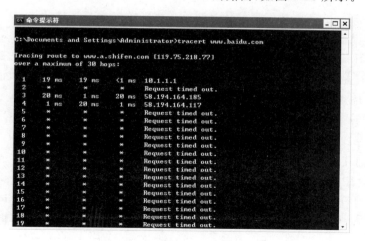

图 5-28　运行 tracert 命令

PC1 停止在 Wireshark 中捕获数据包,此时可见整个过程中捕获的数据包。在 Packet List 面板上方的 Filter 文本框中,输入一个显示过滤器 icmp,单击"Apply"按钮,即可从 Packet List 面板中过滤出所有使用 ICMP 协议的相关数据包,如图 5-29 所示。在 Packet List 面板中分别选择各数据包,然后在 Packet Details 面板中展开显示该数据包的详细信息,观察并分析其 IP 数据包各字段的取值和含义。

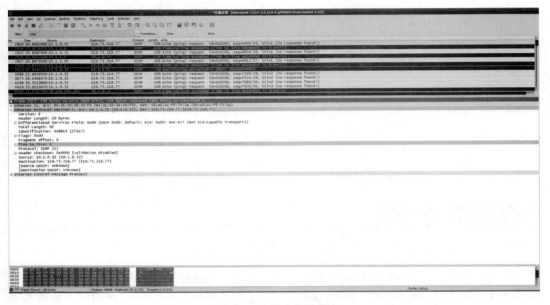

图 5-29　过滤出的数据包

思考:

(1)版本字段、首部长度字段的值分别是多少? 首部长度字段的单位是什么? 有没有更大的首部长度值的 IP 分组?

(2)观察 tracert 命令发送的一系列分组中的 TTL 字段,分析其特点。

(3)观察针对 PC2、默认网关及远程站点的 ping 应答分组中的 TTL 值。Windows 和 Linux 操作系统中初始的 TTL 值有何不同? 利用这一点可以进一步判断用 ping 命令测试过的互联网站点运行的是哪一类操作系统,以及分组到达 PC1 之前经过多少路由器。

(4)不同分组的标志字段的取值是否相同?

(5)TCP、UDP 及 ICMP 对应的协议字段取值分别是什么?

(二)观察 IP 分组的分片与重组

(1)在 PC1 上运行 Wireshark,出现初始化界面。选择"Capture Options",出现捕获选项界面,取消默认的"Use promiscuous mode on all interfaces"勾选,即将网卡设置为通常模式(非混杂模式)。单击"Start"按钮,开始捕获数据包。打开命令提示符,输入 ping-l 3000 10.1.1.1,向局域网网关(IP 地址为 10.1.1.1)发送 3000 字节长度的较长分组,如图 5-30 所示。

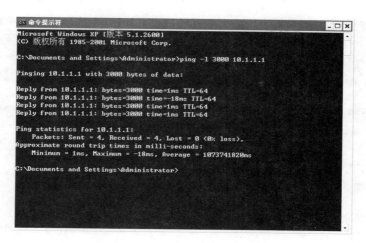

图 5-30　运行 ping 命令

PC1 停止在 Wireshark 中捕获数据包，此时可见整个过程中捕获的数据包。在 Packet List 面板上方的 Filter 文本框中，输入一个显示过滤器 icmp，单击"Apply"按钮，即可从 Packet List 面板中过滤出所有使用 ICMP 协议的相关数据包，如图 5-31 所示。

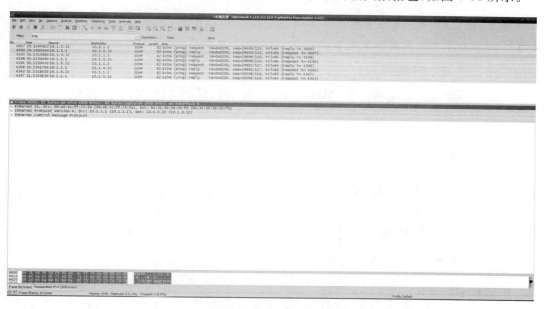

图 5-31　过滤出的数据包

（2）在 Packet List 面板中分别选择各数据包，然后在 Packet Details 面板中展开显示该数据包的详细信息。其中，每个 ping 请求都被分为三个 IP 分片，观察并分析其 IP 数据包各字段的取值和含义，如图 5-32 所示。

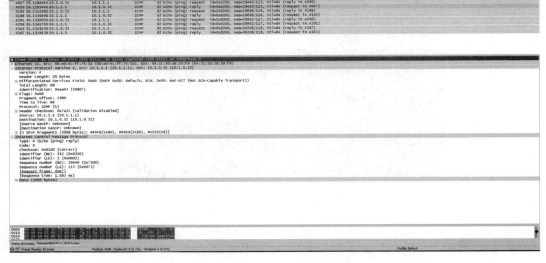

图 5-32　数据包详细信息

　　思考：图 5-32 中三个分片的标志字段、Flags、MF 以及 Fragement offset 的值分别是多少？三个分片的总数据长度是多少？与 ping 命令中参数 3000 是否相同？为什么？

实验 5.3　基于 Wireshark 的 ICMP 协议分析

一、实验目的

（1）掌握 ICMP 协议的工作原理。

（2）理解 ICMP 分组格式。

（3）熟悉 Wireshark 捕获和分析数据的方法。

二、实验原理

（一）ICMP 协议

　　IP 协议是一种尽力传送的通信协议，也就意味着其中的数据包仍可能丢失、重复、延迟或乱序传递。为了达到网络层所应完成的数据传输的功能，网络层需要一种协议来避免差错，并在发生差错时对源和网络进行报告。这个协议就是 Internet 控制报文协议（Internet Control Message Protocol，ICMP），该协议对一个完全标准的网络层是不可或缺的。IP 协议与 ICMP 协议是相互依赖的：IP 在需要发送一个差错报文时要使用 ICMP，而 ICMP 是利用 IP 来传送报文的，两者之间的关系如图 5-33 所示。

图 5-33 ICMP 与 IP 数据包

(二)ICMP 报文格式

ICMP 定义了五种差错报文和四种信息报文。

五种差错报文分别为:

源抑制:发送端的速度太快,以至于使网络速度跟不上时产生。

超时:一个数据包在网络中传输的周期超过一个预定的值时产生。

目的不可达:数据包的目的地无法到达时产生。

重定向:当数据包路由改变时产生。

要求分段:数据包经过的网段无法在一个包中容纳下整个数据包时产生。

四种信息报文分别为:回应请求、回应应答、地址屏蔽码请求、地址屏蔽码应答。

换句话讲,ICMP 是让 IP 更加稳固、有效的一种辅助机制,它使得 IP 传送机制变得更加可靠。ICMP 还可以用于测试互联网,以得到一些有用的网络维护和排错的信息,如著名的 ping 命令工具就是利用 ICMP 报文进行目标是否可达测试的。

ICMP 报文的格式如图 5-34 所示,其中各字段的意义如下:

类型:一个 8 位类型字段,表示 ICMP 数据包类型。

代码:一个 8 位代码域,表示指定类型中的一个功能。如果一个类型中只有一种功能,代码域置为 0。

校验和:数据包中,ICMP 部分上的一个 16 位校验和。

指定类型的数据随每个 ICMP 类型变化的一个附加数据。

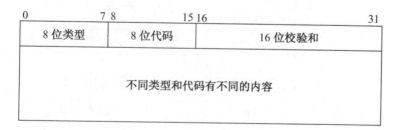

图 5-34 ICMP 报文

表 5-1 列出了有关 ICMP 协议报文中类型位与代码位的不同组合所代表的 ICMP 报文含义。

表 5-1 ICMP 报文中类型与代码

类型	代码	描 述	查询	差错
0	0	回显应答(ping 应答)	√	

续表

类型	代码	描　　述	查询	差错
3		目的不可达		√
	0	网络不可达		√
	1	主机不可达		√
	2	协议不可达		√
	3	端口不可达		√
	4	需要进行分片但设置了不分片比特		√
	5	源站选路失败		√
	6	目的网络不认识		√
	7	目的主机不认识		√
	8	源主机被隔离（作废不用）		√
	9	目的网络被强制禁止		√
	10	目的主机被强制禁止		√
	11	由于服务类型 tos,网络不可达		√
	12	由于服务类型 tos,主机不可达		√
	13	由于过滤,通信被强制禁止		√
	14	主机越权		√
	15	优先权中止生效		√
4	0	源端被关闭		√
5		重定向		√
	0	对网络重定向		√
	1	对主机重定向		√
	2	对服务类型和网络重定向		√
	3	对服务类型和主机重定向		√
8	0	请求回显(ping 请求)	√	
9	0	路由器通告	√	
10	0	路由器请求	√	
11		超时		
	0	传输期间生存时间为 0(Traceroute)		√
	1	在数据包组装期间生存时间为 0		√

续表

类型	代码	描　　述	查询	差错
12		参数问题		
	0	坏的 IP 首部(包括各种差错)		√
	1	缺少必需的选项		√
13	0	时间戳请求	√	
14	0	时间戳应答	√	
15	0	信息请求(作废不用)	√	
16	0	信息应答(作废不用)	√	
17	0	地址掩码请求	√	
18	0	地址掩码应答	√	

　　最后两列表明 ICMP 报文是一份查询报文还是一份差错报文。因为有时需要对 IC-MP 差错报文作特殊处理,所以需要对它们进行区分。如在对 ICMP 差错报文进行响应时,不会生成另一份 ICMP 差错报文。如果没有这个限制规则,可能会遇到一个差错产生另一个差错,而差错再产生差错的情况,这样会无休止地循环下去。

　　当发送一份 ICMP 差错报文时,报文始终包含 IP 的首部和产生 ICMP 差错报文的 IP 数据包的前 8 个字节。这样,接收 ICMP 差错报文的模块就会把它与某个特定的协议(根据 IP 数据包首部中的协议字段来判断)和用户进程(根据包含在 IP 数据包前 8 个字节中的 TCP 或 UDP 报文首部中的 TCP 或 UDP 端口号来判断)联系起来。

　　下面各种情况都不会导致产生 ICMP 差错报文:ICMP 差错报文;目的地址是广播地址或多播地址(D 类地址)的 IP 数据包;作为链路层广播的数据包;不是 IP 分片的第一片;源地址不是单个主机的数据包,也就是说,源地址不能为零地址、环回地址、广播地址或多播地址。

三、实验环境

　　实验拓扑如图 5-35 所示。其中,进行实验的主机 PC1 运行 Windows 操作系统,通过以太网交换机与其他设备构成局域网,局域网通过路由器连接到 Internet。PC1 的 IP 地址为 10.1.0.32,默认网关为 10.1.1.1;与 PC1 在同一局域网内的 PC2 也运行 Windows 操作系统,IP 地址为 10.1.0.31,默认网关为 10.1.1.1;通过 Wireshark 将 PC1 的网卡设置为通常模式(非混杂模式),捕获一段时间内的 IP 分组。

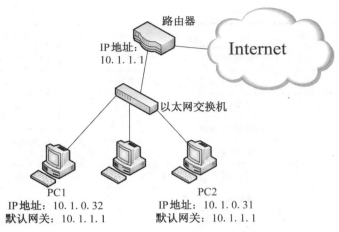

图 5-35　实验拓扑图

四、实验步骤

（一）观察 ICMP 目的不可达消息

在 PC1 上运行 Wireshark，出现初始化界面。选择"Capture Options"，出现捕获选项界面，取消默认的"Use promiscuous mode on all interfaces"勾选，即将网卡设置为通常模式（非混杂模式）。单击"Start"按钮，开始捕获数据包。如图 5-36 所示，打开命令提示符，输入 tftp -i 10.1.0.31 get 1.txt。其中，1.txt 是 PC2（IP 地址为 10.1.0.31）上的一个文件，TFTP 使用 UDP 协议，而 PC2 上并没有运行 TFTP 服务器，所以这条命令不会成功。

图 5-36　运行 tftp 命令

PC1 停止在 Wireshark 中捕获数据包，此时可见整个过程中捕获的数据包。在 Packet List 面板上方的 Filter 文本框中，输入一个显示过滤器 icmp，单击"Apply"按钮，即可从 Packet List 面板中过滤出所有使用 ICMP 协议的相关数据包，如图 5-37 所示。在 Packet List 面板中分别选择各数据包，然后在 Packet Details 面板中展开显示该数据包的详细信息，观察并分析其 ICMP 数据包各字段的取值和含义。由于 PC2 上并没有运行 TFTP 服务器，所以，PC2 向 PC1 返回一个 ICMP 目标不可达消息，具体的信息为：

Type:3(Destination unreachable)

Code:3(port unreachable)

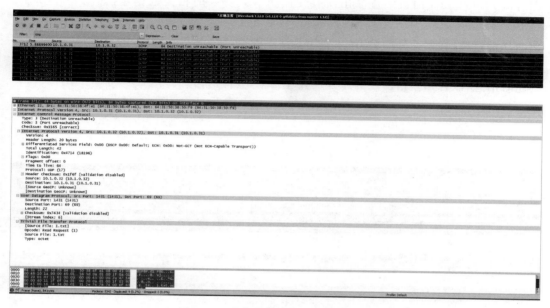

图 5-37　过滤出的数据包及详细信息

(二)观察 ICMP 超时消息

在 PC1 上运行 Wireshark,出现初始化界面。选择"Capture Options",出现捕获选项界面,取消默认的"Use promiscuous mode on all interfaces"勾选,即将网卡设置为通常模式(非混杂模式)。单击"Start"按钮,开始捕获数据包。打开命令提示符,输入 ping-i 3 www. sdu. edu. cn,该命令的含义为测试 PC1 本机与 www. sdu. edu. cn 的联通性,同时 TTL 值为 3,如图 5-38 所示,该命令返回 TTL 超时信息提示。

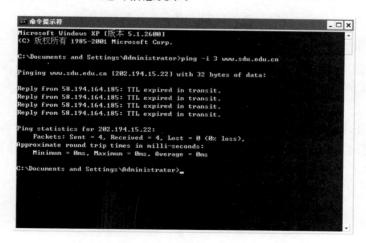

图 5-38　运行 ping 命令

　　PC1 停止在 Wireshark 中捕获数据包,此时可见整个过程中捕获的数据包。在 Packet List 面板上方的 Filter 文本框中,输入一个显示过滤器 icmp,单击"Apply"按钮,即可从 Packet List 面板中过滤出所有使用 ICMP 协议的相关数据包,如图 5-39 所示。在 Packet List 面板中分别选择各数据包,然后在 Packet Details 面板中展开显示该数据包的详细信息,观察并分析其 IP 数据包各字段的取值和含义。可见,由于 TTL 超时,58. 194.164.185 丢弃了原有的 IP 数据包,并向 PC1(IP 地址为10.1.0.32)返回一个 ICMP 的超时消息,以告知差错出现的原因及处理结果,具体的信息为:

Type:11(Time-to-live exceeded)

Code:0(Time to live exceeded in transit)

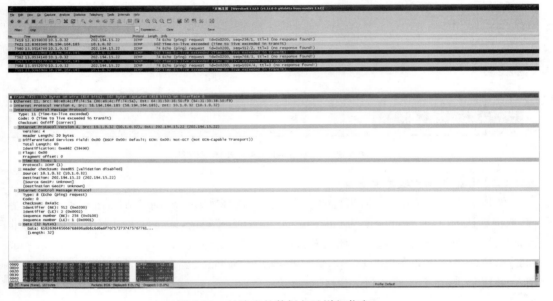

图 5-39　过滤出的数据包及详细信息

(三)观察 ICMP 回显请求及应答消息

　　在 PC1 上运行 Wireshark,出现初始化界面。选择"Capture Options",出现捕获选项界面,取消默认的"Use promiscuous mode on all interfaces"勾选,即将网卡设置为通常模式(非混杂模式)。单击"Start"按钮,开始捕获数据包。打开命令提示符,然后输入 ping 10.1.0.31,该命令的含义为测试 PC1 本机与 10.1.0.31 的联通性,如图 5-40 所示。ping 命令分别向 10.1.0.31 发送四个长度为 32 字节的数据包,由此触发消息的四次交互。

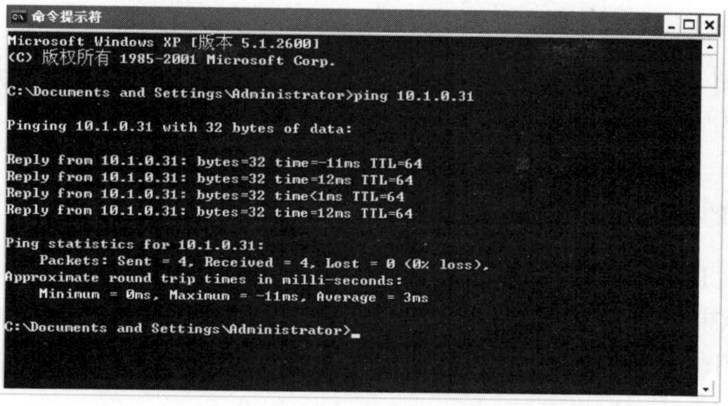

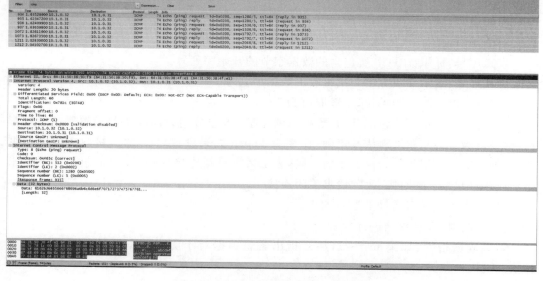

图 5-40　运行 ping 命令

　　PC1 停止在 Wireshark 中捕获数据包，此时可见整个过程中捕获的数据包。在 Packet List 面板上方的 Filter 文本框中，输入一个显示过滤器 icmp，单击"Apply"按钮，即可从 Packet List 面板中过滤出所有使用 ICMP 协议的相关数据包，如图 5-41 所示。在 Packet List 面板中分别选择各数据包，然后在 Packet Details 面板中展开显示该数据包的详细信息，观察并分析其 IP 数据包各字段的取值和含义。可见，PC1(IP 地址为 10. 1.0.32)与 PC2(IP 地址为 10.1.0.31)之间共交互四次，分别产生四对 ICMP 请求和应答数据包。

图 5-41　过滤出的数据包及详细信息

　　思考：

　　(1)ICMP 各个字段的取值是否与协议定义一致？

　　(2)成对的请求和应答数据包之间的标识符、序号以及数据之间有何关系？

实验 5.4 基于 Wireshark 的 TCP 和 UDP 协议分析

一、实验目的

(1)掌握 TCP 和 UDP 协议的工作原理。

(2)理解 TCP 数据段和 UDP 数据包的格式。

(3)熟悉 Wireshark 捕获和分析数据的方法。

二、实验原理

(一)TCP 协议

传输控制协议(Transmission Control Protocol,TCP)是整个 TCP/IP 协议族中最重要的一个协议。它在 IP 协议提供不可靠数据服务的基础上,为应用程序提供了一个可靠的数据传输服务。

TCP 为应用程序直接提供了一个可靠的、可流控的、全双工的数据流传输服务。在请求 TCP 建立一个连接之后,一个应用程序能使用这一连接发送和接收数据。TCP 可确保它们按序无错传递。最终,当两个应用结束使用一个连接时,它们请求终止连接。

(二)TCP 协议报文格式

TCP 数据段格式如图 5-42 所示,其中各字段及相关功能如下:

源端口:发送 TCP 数据的源端口。

目的端口:接收 TCP 数据的目的端口。

发送序号:标识该 TCP 所包含的数据字节的开始序列号。

确认序号:表示接收方下一次接收的数据序列号。

头长度:以 4 字节为单位,一般取值为 5。

标记:用来表示所传输的 TCP 数据包的类型。6 位分别为:urg 如果设置紧急数据指针,则该位为 1;ack 如果确认号正确,那么为 1;psh 如果设置为 1,那么接收方收到数据后,立即交给上一层程序;rst 为 1 的时候,表示请求重新连接;syn 为 1 的时候,表示请求建立连接;fin 为 1 的时候,表示请求关闭连接。

窗口:表示接收者缓冲的字节大小。

校验和:对 TCP 数据进行校验。

紧急数据指针:如果 urg=1,那么指出紧急数据对于历史数据开始的序列号的偏移值。

可选项:各种可选的域,可以在 TCP 数据包中进行指定。

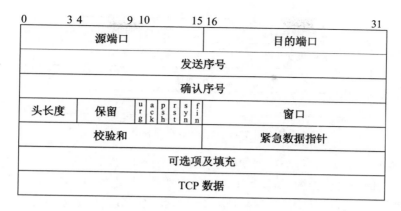

图 5-42　TCP 数据段格式

（三）TCP 连接的建立

TCP 协议是一种可靠的连接。为了保证连接的可靠性，TCP 的连接要分为几个步骤，我们把这个连接过程称为"三次握手"。下面从一个实例来分析建立连接的过程。

第一步，客户机向服务器发送一个 TCP 数据段，表示请求建立连接。为此，客户端将数据包的 syn 位设置为 1，并且设置序列号 seq=1000（假设为 1000）。

第二步，服务器收到了数据段，并从 syn 位为 1 知道这是一个建立请求的连接，于是服务器也向客户端发送一个 TCP 数据段。因为是响应客户机的请求，于是服务器设置 ack 为 1，ack_seq=1001（1000+1），同时设置自己的序列号 seq=2000（假设为 2000），且 syn 位设置为 1，表示服务器向客户机提出建立连接请求。

第三步，客户机收到了服务器的 TCP 数据段，并从 ack 为 1 和 ack_seq=1001 知道是从服务器来的确认信息，于是客户机也向服务器发送确认信息，客户机设置 ack=1 和 ack_seq=2001，seq=1001，发送给服务器，至此客户端完成与服务器的连接。服务器收到确认信息，也完成与客户机连接。

通过上面几个步骤，一个 TCP 连接就建立了。当然在建立过程中可能出现错误，不过 TCP 协议可以通过差错控制机制处理错误。

（四）UDP 协议

与 TCP 协议相对应的是用户数据报协议（User Datagram Protocol，UDP）。UDP 是一个简单的协议，它并没有显著地增加 IP 层的功能和语义。这为应用程序提供了一个不可靠、无连接的分组传输服务。因此，UDP 传输协议的报文可能会出现丢失、重复、延迟以及乱序的错误，使用 UDP 进行通信的程序就必须负责处理这些问题。

总体来讲，UDP 协议是建立在 IP 协议基础之上的传输层的协议。UDP 和 IP 协议一样是不可靠的数据报服务。UDP 的数据报格式如图 5-43 所示。

TCP 协议虽然提供了一个可靠的数据传输服务，但是它是以牺牲通信量来实现的。也就是说，为了完成一个同样的任务，TCP 需要花费更多的时间和通信量。这在网络不可靠的时候，牺牲一些时间换来可靠是值得的。而当网络十分可靠的情况下，UDP 则以十分小的通信量浪费占据优势。

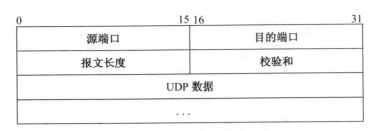

图 5-43　UDP 数据报格式

　　另外,在某些情况下,每个数据的传输可靠性并不是十分重要,重要的却是整个网络的传输速度。例如语音传输,如果其中的一个包丢失了,重发也没有用,因为这个语音数据已经是失效的。所以,UDP 的存在是顺应一些特定的数据传输需要的。

　　UDP 不被应用于使用虚电路的面向连接的服务,主要用于面向查询—应答的服务,以及很多要求源主机以恒定的速率发送数据,并且允许在网络发生拥塞时丢失一些数据,但却不允许数据有太大时延的实时应用,如 IP 电话、实时视频会议等。

　　(五)TCP/IP 传输层端口号

　　TCP 和 UDP 服务通常存在一种客户/服务器的关系。如一个 Telnet 服务进程,开始时在系统上处于空闲状态,等待着连接。用户使用 Telnet 客户程序与服务进程建立一个连接。客户程序向服务进程写入信息,服务进程读出信息并发出响应,客户程序读出响应并向用户报告。因而,这个连接是双工的,可以用来进行读写。

　　TCP 或 UDP 连接唯一地使用每个信息中的如下四项进行确认:

　　源 IP 地址:发送包的 IP 地址。

　　目的 IP 地址:接收包的 IP 地址。

　　源端口:源系统上的连接的端口。

　　目的端口:目的系统上的连接的端口。

　　端口是一个软件结构,被客户程序或服务进程用来发送和接收信息。一个端口对应一个 16 比特的数。服务进程通常使用一个固定的端口,如 SMTP 使用 25,Windows 使用 6000。这些端口号是广为人知的,因为在建立与特定的主机或服务的连接时,需要这些地址和目的地址进行通信。

　　TCP 和 UDP 协议必须使用端口号(port number)来与上层进行通信,因为不同的端口号代表了不同的服务或应用程序。1～1023 号端口称为"熟知端口号",一般指派给 TCP/IP 最重要的一些应用程序,让所有用户都知道。1024～49151 号端口称为"登记端口号",松散地绑定于一些服务,这类端口号为没有熟知端口号的应用程序使用,必须在 IANA 按照规定的手续登记,以防止重复。49152～65535 号端口称为"短暂端口号",这类端口号一般不固定分配给某种服务,仅在客户程序运行时才动态选择。图 5-44 和图 5-45 描述了各种常用的服务和应用程序所使用的熟知的 TCP 或 UDP 端口号。

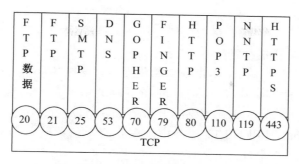

图 5-44　TCP 的熟知端口号

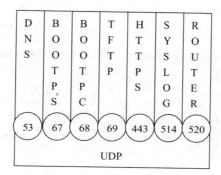

图 5-45　UDP 的熟知端口号

三、实验环境

实验拓扑如图 5-46 所示。其中,进行实验的主机 PC1 运行 Windows 操作系统,通过以太网交换机与其他设备构成局域网,局域网通过路由器连接到 Internet。PC1 的 IP 地址为 10.1.0.32,默认网关为 10.1.1.1;与 PC1 在同一局域网内的 PC2 也运行 Windows 操作系统,IP 地址为 10.1.0.31,默认网关为 10.1.1.1;通过 Wireshark 将 PC1 的网卡设置为通常模式(非混杂模式),捕获一段时间内的 IP 分组。

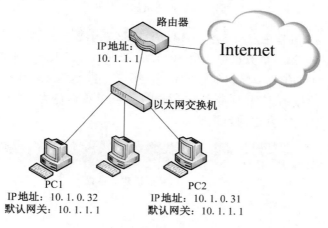

图 5-46　实验拓扑图

四、实验步骤

(一)观察 TCP 协议连接管理

(1)在 PC1 上运行 Wireshark,出现初始化界面。选择"Capture Options",出现捕获选项界面,取消默认的"Use promiscuous mode on all interfaces"勾选,即将网卡设置为通常模式(非混杂模式)。单击"Start"按钮,开始捕获数据包。打开 IE 浏览器,并在地址栏输入 www.baidu.com,使用 HTTP 服务构造基于 TCP 的数据流,通过 Web 浏览器发起 HTTP 的连接请求。

(2)PC1 停止在 Wireshark 中捕获数据包,此时可见整个过程中捕获的数据包。在 Packet List 面板上方的 Filter 文本框中,输入一个显示过滤器 tcp,单击"Apply"按钮,即可从 Packet List 面板中过滤出所有使用 TCP 协议的相关数据包,如图 5-47 所示。

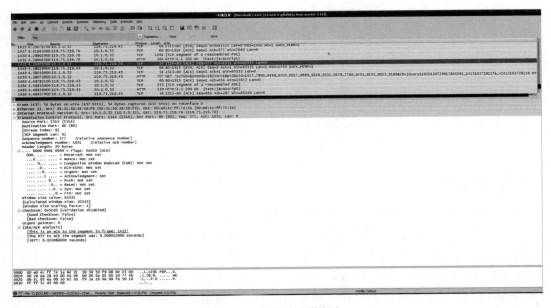

图 5-47　过滤出的数据包

如图 5-48 所示,过程中所得 5467、5481 及 5482 三个数据包可以完整地描述 TCP 建立连接的整个过程。第一个数据包是由 10.1.0.32 向 119.75.219.45(www.baidu.com 的 IP 地址)发送的带有 syn 标识的连接请求;第二个数据包是 119.75.219.45 返回给 10.1.0.32 的一个连接确认,并且带有 syn 标识;第三个数据包为 10.1.0.32 收到连接确认后,向 119.75.219.45 发送的连接确认。

```
5467 10.79367910.1.0.32        119.75.219.45      TCP      66 1521→80 [SYN] Seq=0 Win=65535 Len=0 MSS=1460 WS=1 SACK_PERM=1
5481 10.802982119.75.219.45    10.1.0.32          TCP      66 80→1521 [SYN, ACK] Seq=0 Ack=1 Win=65535 Len=0 MSS=1440 SACK_PERM=1
5482 10.80300410.1.0.32        119.75.219.45      TCP      54 1521→80 [ACK] Seq=1 Ack=1 Win=65535 Len=0
```

图 5-48　TCP 连接建立过程

在 Packet List 面板中分别选择各数据包,然后在 Packet Details 面板中展开显示该数据包的详细信息,观察并分析其 TCP 数据段各字段的取值和含义,如图 5-49 至图 5-51 所示。

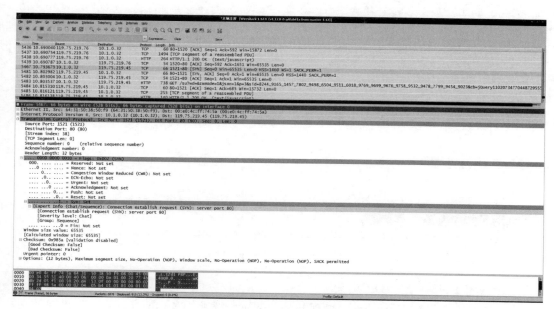

图 5-49　第一个数据包

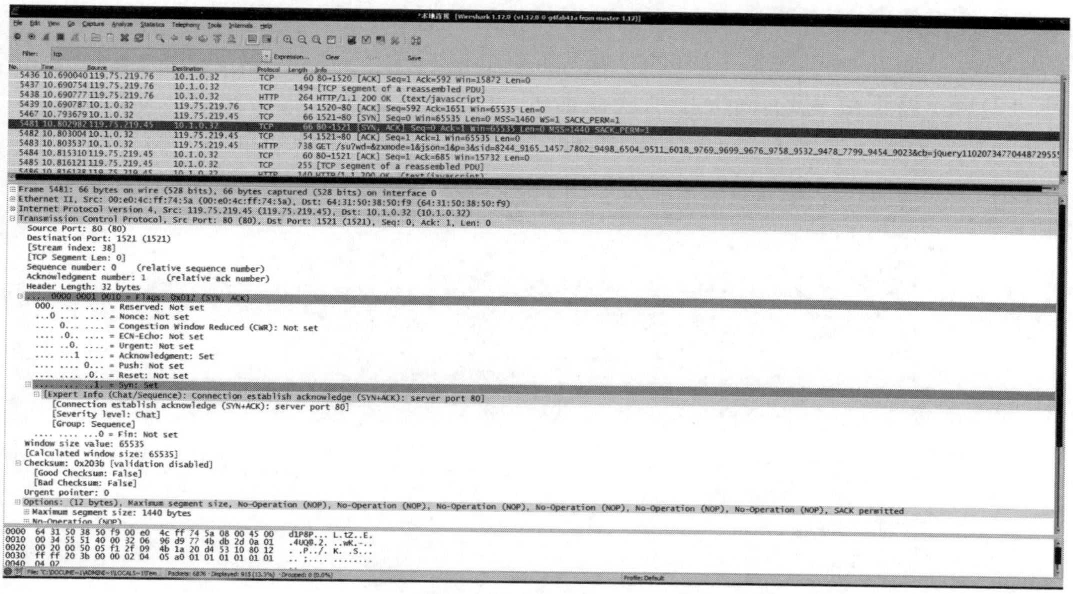

图 5-50　第二个数据包

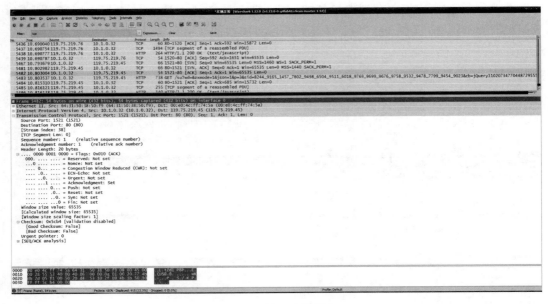

图 5-51　第三个数据包

(二)观察 DNS 中的 UDP 数据包

(1)在 PC1 上运行 Wireshark,出现初始化界面。选择"Capture Options",出现捕获选项界面,取消默认的"Use promiscuous mode on all interfaces"勾选,即将网卡设置为通常模式(非混杂模式)。单击"Start"按钮,开始捕获数据包。打开 IE 浏览器,并在地址栏输入 www. baidu. com,触发一次 DNS 域名解析过程。

(2)PC1 停止在 Wireshark 中捕获数据包,此时可见整个过程中捕获的数据包。在 Packet List 面板上方的 Filter 文本框中,输入一个显示过滤器 DNS,单击"Apply"按钮,即可从 Packet List 面板中过滤出所有使用 DNS 协议的相关数据包,如图 5-52 所示。

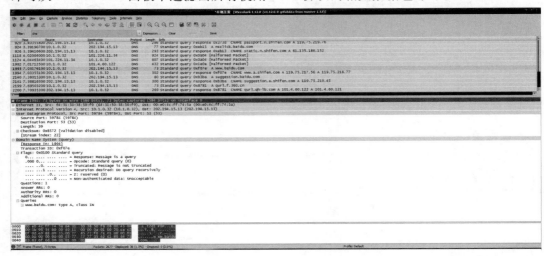

图 5-52　过滤出的数据包

　　如图 5-53 所示，由于 DNS 协议在传输层上所使用协议为 UDP 协议，所以利用 Wire-shark 捕获这一过程中产生的 DNS 报文，可以结合 UDP 数据包的格式，分析 UDP 协议的各字段取值。比如：

Source Port：59784(59784)

Destination Port：53(53)

　　由此可知，目的端口号所对应的应用为 DNS 服务。

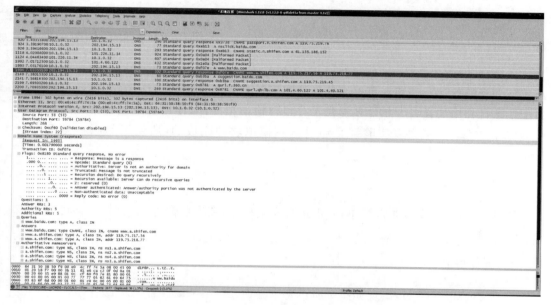

图 5-53　数据包详细信息

附录 1　Packet Tracer 简介

Packet Tracer 是 Cisco 公司针对其 CCNA 认证开发的一款用来设计、配置和排除网络故障的模拟软件。使用者可以在软件的图形用户界面上创建网络拓扑，并通过图形接口配置该拓扑中的设备。软件还提供了分组传输模拟功能，使用者可以观察分组在网络中的传输过程。本书很多实验都是通过这款模拟软件完成的，所使用的版本为 Packet Tracer 5.2。

一、软件安装

Packet Tracer 安装非常简单，双击运行安装程序，在安装向导的指引下，即可完成该软件的安装。

二、软件界面

启动 Packet Tracer，出现如图 1 所示基本界面。

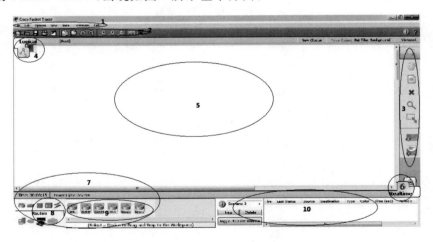

图 1　Packet Tracer 5.2 界面

1. 菜单栏：该栏提供了文件、编辑、选项、查看、工具、扩展和帮助六个菜单。在这些菜单里，可以执行打开、保存、复制、粘贴、打印和设置等命令。

2. 主工具栏：该工具栏提供了文件和编辑菜单中命令的快捷方式。同时，该工具栏也提供了缩放按钮、图片调色板和设备模型管理器。右侧还有网络信息按钮，可以通过其说明目前的网络状态。

3. 常用工具栏：该栏提供了一些常用的工作区工具，包括选择设备、移动设备、添加说明日志、删除设备、查看设备、调整形状、添加简单的 PDU 数据和复杂的 PDU 数据等。

4. 逻辑/物理工作区导航栏：该栏上的按钮可以实现物理工作区和逻辑工作区之间的切换。同时，该栏也允许浏览各级集群、创建新的集群、设置平铺的背景和视窗。

5. 工作区：在此工作区中可以创建网络拓扑、观看模拟仿真，并查看多种信息和统计资料。

6. 实时/仿真栏：通过此栏中的按钮，可以切换实时模式和模拟模式。

7. 网络组件框：在此框中，可以选择网络器件并将选中的器件放置于工作区，包含了设备类型选框和同类具体设备选框。

8. 设备类型选框：此框包含网络器件的类型和 Packet Tracer 5.2 支持的可用设备连接，如路由器、交换机、集线器、线缆、终端设备、仿真广域网、用户自定义设备和多用户连接等。同类具体设备选框将随所选择的网络器件类型的不同而改变。

9. 同类设备选框：在此框中，包含不同设备类型选框中不同型号的设备。

10. 用户数据包管理窗口：该窗口可用来管理在模拟运行期间用户加入网络的数据包。

三、网络组件框

在搭建网络拓扑时，可以随意添加网络组件框里的设备。如单击左边设备类型选框中的路由器 Routers，相应地在右边同类设备选框中会出现可用的所有路由器模型 Router，设备类型如表 1 所示。

表 1 设备类型

类 型	示 例
路由器类器件	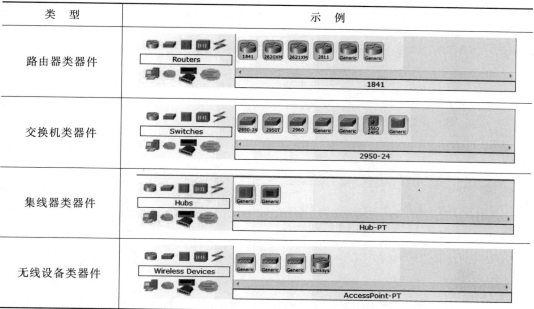
交换机类器件	
集线器类器件	
无线设备类器件	

续表

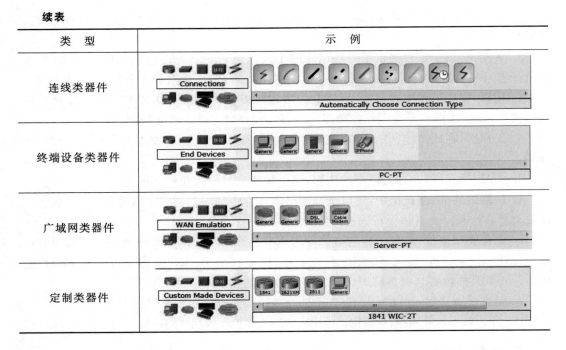

类　型	示　例
连线类器件	Connections / Automatically Choose Connection Type
终端设备类器件	End Devices / PC-PT
广域网类器件	WAN Emulation / Server-PT
定制类器件	Custom Made Devices / 1841 WIC-2T

备注：关于连线类器件，分为自动选择线、Console 配置线、直联双绞线、交叉双绞线、光纤、电话线、同轴电缆、DCE 串口线和 DTE 串口线，连接不同的设备需要选择合适的线，否则会出现无法正常通信的情况。

附录 2　Wireshark 简介

Wireshark 是当前较为流行的一种协议分析软件,利用它可将捕获到的各种各样协议的网络二进制数据流翻译为人们容易读懂和理解的文字和图表等形式,极大地方便了对网络活动的监测分析和教学实验。它有十分丰富和强大的统计分析功能,可在 Windows、Linux 和 Unix 等系统上运行。此软件于 1998 年由美国 Gerald Combs 首创研发,原名 Ethereal,至今世界各国已有 100 多位网络专家和软件人员正在共同参与此软件的升级完善和维护。它的名称于 2006 年 5 月由原 Ethereal 改为 Wireshark。至今,它的更新升级速度为每 2~3 个月推出一个新的版本,但是升级后软件的主要功能和使用方法保持不变。它是一个开源代码的免费软件,任何人都可自由下载,也可参与共同开发。

Wireshark 网络协议分析软件可以十分方便直观地应用于计算机网络原理和网络安全的教学实验、网络的日常安全监测、网络性能参数测试、网络恶意代码的捕获分析、网络用户的行为监测、黑客活动的追踪等。因此,它在世界范围的网络管理专家、信息安全专家、软件和硬件开发人员中,以及美国的一些知名大学的网络原理和信息安全技术的教学、科研和实验工作中得到了广泛的应用。本书中部分实验是通过这款软件完成的,所使用的版本为 Wireshark 1.11.3。

一、软件安装

在 Windows 中安装 Wireshark 的第一步就是在 Wireshark 的官方网站 http://www.wireshark.org 上找到 Download 页面,并选择一个镜像站点下载最新版的安装包。下载好安装包之后,在安装向导的指引下,即可完成该软件的安装。值得注意的是,WinPcap 驱动是 Windows 对于 Pcap 数据包捕获的通用程序接口(API)的实现。简单来说,就是这个驱动能够通过操作系统捕捉原始数据包、应用过滤器,并能够让网卡切入或切出混杂模式。尽管也可以单独下载安装 WinPcap,但一般最好使用 Wireshark 安装包中的 WinPcap。因为这个版本的 WinPcap 经过测试,能够和 Wireshark 一起工作。

二、捕获数据

打开 Wireshark,初始界面如图 1 所示。

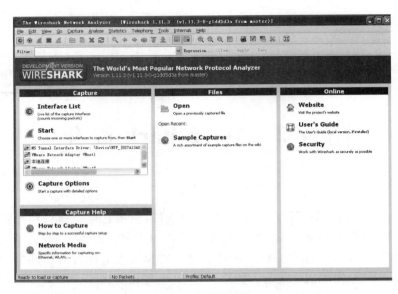

图 1　初始界面

从主下拉菜单中选择 Capture，然后是 Interface，此时可见如图 2 所示的对话框，里面列出了可以用来捕获数据包的各种设备及其地址信息。

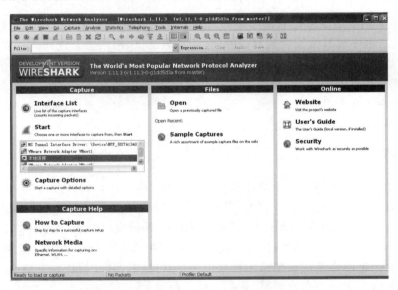

图 2　在初始界面中选择 Interface List 下的
端口用于捕获数据包

选择用于捕获数据包的设备，如图 3 所示，然后单击"Start"，或直接单击初始界面中 Interface List 下的某一个设备，数据就会在窗口中呈现出来。

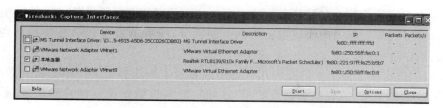

图 3　进行数据包捕获的端口列表

　　捕获过程持续一段时间,如果计划停止捕获并查看捕获的数据时,在 Capture 下拉菜单中单击"Stop"按钮即可。

三、Wireshark 主窗口

　　Wireshark 的主窗口将所捕获的数据包显示或拆分成更容易使人理解的方式,以前面捕获的数据包为例,介绍 Wireshark 的主窗口。如图 4 所示,主窗口包括三个面板:数据包列表(Packet List)、数据包细节(Packet Details)和数据包字节(Packet Bytes)。主窗口的三个面板存在相互联系。如果希望在 Packet Details 面板中查看一个单独的数据包的具体内容,必须先在 Packet List 面板中单击选中该数据包。在选中数据包之后,可以通过在 Packet Details 面板中选中数据包的某个字段,从而在 Packet Bytes 面板中查看相应字段的字节信息。

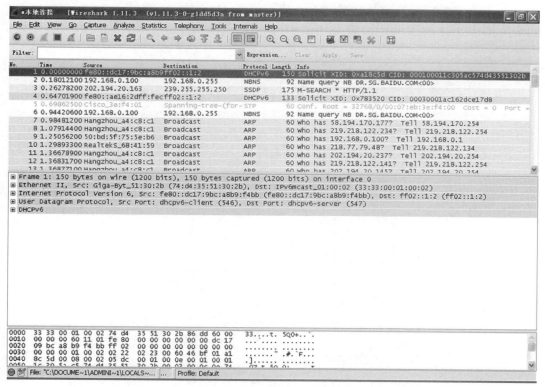

图 4　Wireshark 主窗口

　　值得注意的是，图 4 中的 Packet List 面板中列出了几种不同的协议，但这里并没有使用不同的层次来对不同的协议进行视觉上的区分，所有的数据包都是按照其在链路上接收到的顺序排列的。

　　Packet List：位于最上方的面板用表格形式显示了当前捕获文件中的所有数据包，其中包括了数据包序号、数据包被捕获的相对时间、数据包的源地址和目的地址、数据包的协议以及在数据包中找到的概况信息等。

　　Packet Details：位于中间的面板分层次地显示了一个数据包中的内容，并且可以通过展开或收缩来显示该数据包中所捕获到的全部内容。

　　Packet Bytes：位于最下方的面板显示了一个数据包未经处理的原始状态，即其在链路上传播时的状态。

主要参考文献

1. 吴国新主编. 计算机网络(第 2 版). 北京:高等教育出版社,2008.

2. 谢希仁编著. 计算机网络(第 6 版). 北京:电子工业出版社,2013.

3. 吴功宜,吴英编著. 计算机网络教程(第 4 版). 北京:电子工业出版社,2008.

4. [美]Andrew S. Tanenbaum 著,潘爱民译. 计算机网络(第 4 版). 北京:清华大学出版社,2004.

5. [美]William A. Shay 著,潘爱民译. 数据通信与网络教程. 北京:机械工业出版社,2000.

6. 王群 等编著. 局域网一点通:TCP/IP 管理及网络互联. 北京:人民邮电出版社,2004.

7. 张建忠,徐敬东编著. 计算机网络实验指导书. 北京:清华大学出版社,2013.

8. 于锋主编. 计算机网络与数据通信. 北京:水利水电出版社,2004.

9. 吴功宜编著. 计算机网络(第 3 版). 北京:清华大学出版社,2011.

10. 李馥娟编著. 计算机网络实验教程. 北京:清华大学出版社,2007.

11. 徐明伟,崔勇,徐恪编著. 计算机网络原理实验教程. 北京:机械工业出版社,2013.

12. [美]Chris Sanders 著,诸葛建伟,陈霖,许伟林译. Wireshark 数据包分析实战(第 2 版)北京:人民邮电出版社,2013.

13. 郭雅主编. 计算机网络实验指导书. 北京:电子工业出版社,2012.

14. 姜枫主编. 计算机网络实验教程. 北京:北京交通大学出版社,2010.

15. 陈鸣主编. 计算机网络实验教程. 北京:机械工业出版社,2007.

16. 蒋理主编. 计算机网络实验操作教程. 西安:西安电子科技大学出版社,2004.

图书在版编目(CIP)数据

网络通信实验教程/郑丽娜主编. —济南:山东
大学出版社,2015.2(2021.10 重印)
高等学校电工电子基础实验系列教材/马传峰,王洪君总主编
ISBN 978-7-5607-5240-2

Ⅰ. ①网… Ⅱ. ①郑… Ⅲ. ①计算机通信网—高等学
校—教材 Ⅳ. ①TN915

中国版本图书馆 CIP 数据核字(2015)第 034971 号

责任策划:刘旭东
责任编辑:李 港
封面设计:张 荔

出版发行:山东大学出版社
社 址:山东省济南市山大南路 20 号
邮 编:250100
电 话:市场部(0531)88364466
经 销:山东省新华书店
印 刷:泰安金彩印务有限公司
规 格:787 毫米×1092 毫米 1/16
    12.75 印张 293 千字
版 次:2015 年 4 月第 1 版
印 次:2021 年 10 月第 3 次印刷
定 价:23.00 元